신기하고 재미난

# 집구석 과학

3시간 만에 배우는 생활밀착형 과학 이야기

신기하고 재미난

# 집구석 과학


사마키 다케오 편저
이언숙 옮김
이정모 감수

신기하고 재미난
# 집구석 과학

초판 1쇄 발행 2020년 5월 25일

편저자 사마키 다케오
옮긴이 이언숙
감수자 이정모
펴낸이 정차임
디자인 지온
펴낸곳 도서출판 열대림
출판등록 2003년 6월 4일 제313-2003-202호
주소 서울시 서대문구 연희로11자길 14-14, 401호
전화 02-332-1212
팩스 02-332-2111
이메일 yoldaerim@naver.com

ISBN 978-89-90989-70-3 03400



이 도서의 국립중앙도서관 출판예정도서목록(CIP)은 서지정보유통지원시스템 홈페이지(http://seoji.nl.go.kr)와 국가자료공동목록시스템(http://www.nl.go.kr/kolisnet)에서 이용하실 수 있습니다.(CIP제어번호: CIP2020007804)

독자 여러분께

# 내 주변의 재미있는 과학 이야기

우리 생활은 과학 · 기술 덕분에 아주 편리하고 쾌적해진 측면이 있습니다. 그렇지만 그 내부가 어떤지, 그 구조가 어떤지에 대해서는 제대로 알지 못한 채, 어쩌면 블랙박스와 같은 상태에서 사용하는 경우가 대부분일 것입니다.

이 책은 다음과 같은 사람들을 위해서 썼습니다.

- 과학에 흥미를 잃은 청소년
- 과학은 어렵고 지루하다는 편견을 가진 사람
- 과학을 잘 모르지만 관심은 있는 사람
- 주변 물건들의 작동 원리를 알고 싶은 사람

이 책을 집필한 분들은 모두 '보고 알고 즐기는 과학'을 캐치프레이즈로 하는 과학 잡지 《리카 탄(Rika Tan)》(이과 탐험)의 주요 위원들입니다.

"과학은 정말 재미있다!"는 점을 세상에 알리기 위해 잡지의 기획과 편집에 힘을 쏟고 있는 분들입니다.

먼저 테마를 55개 선별했습니다. 그런 다음 "가능한 한 쉽게 설명하자", "여기에 이러한 구조가 있다는 것을 알리자"라는 목표로 작업을 시작했습니다.

집필자가 여러 명이기는 하지만 "사물의 구조를 쉽게 설명할 수 있는 한 사람이 썼다"고 할 수 있을 정도로 통일감이 있도록 첫 원고를 집필진 모두가 검토하고 대폭 수정했습니다.

특히 주의를 기울인 대상은 과학을 잘 못하는 사람입니다.

사실 단도직입적으로 말하면, 블랙박스처럼 자리한 사물의 구조를 모르더라도 생활하는 데는 별 지장이 없습니다. 스위치를 켜고 끄는 것만 하면 사용할 수 있는 제품이 많습니다. 그렇지만 "이런 것을 알고 있으면 유용해, 훨씬 도움이 돼, 알고 있기를 정말 잘했어"라고 생각할 수 있게 엮었습니다.

저희의 이러한 바람이 조금이라도 실현될 수 있다면 정말 기쁠 것 같습니다.

마지막으로 과학을 잘 못하는 사람의 대표로서, 각 집필자의 원고에 열의를 갖고 개선을 요구하기도 하고 수고로운 편집 작업을 해주신 아스카 출판사의 편집 담당자인 다나카 씨에게 감사의 말씀을 드립니다.

사마키 다케오

## 차례

1장

# '거실'에서 만나는 과학

# 01 날개 없는 선풍기는 어떻게 바람을 만들까?

멋진 디자인으로 큰 인기를 끌고 있는 날개 없는 선풍기. 일반 선풍기에 반드시 달려 있는 날개가 이 선풍기에는 달려 있지 않아 기묘하다는 느낌이 들지요. 날개가 없는데 바람은 대체 어디에서 나올까요? 어떤 구조로 만들어졌는지 한번 알아볼까요?

### 보이지 않는 곳에 날개가?

아무 것도 없는 텅 빈 공간에서 바람이 나오는 '날개 없는 선풍기'지만 정확하게 말하면 날개가 없는 것이 아닙니다. '날개가 보이지 않는 선풍기'라는 표현이 맞을 것입니다. 그런데 날개는 어디에 있을까요? 사실은 동체의 둥근 고리 모양 안에 날개가 들어가 있습니다.

바람의 흐름은 이렇습니다.

동체에는 많은 구멍이 있어서 먼저 이곳을 통해 공기를 빨아들입니다. 이렇게 빨아들인 공기는 내부 모터와 날개의 작용으로 위쪽으로 보내집니다. 위쪽으로 올라온 공기는 둥근 고리 모양의 뒤쪽에 있는 1밀리미터 정도의 아주 작은 틈(슬릿=Slit이라고 합니다)으로 빠져나옵니다.

이 슬릿이 지나치게 작으면 공기압이 내부에서 너무 높아져 공기가 제대로 밖으로 빠져나오지 못합니다. 그렇다고 4~5밀리미터 정도의 크기면 공기압이 내부에서 너무 약해져 힘을 잃고 맙니다. 적절한 공기의 양이 재빠르게 빠져나올 수 있도록 절묘하게 설계되어 있습니다.

이 작은 틈은 육안으로는 바로 찾을 수가 없습니다. 그렇기 때문에 아무 것도 없는 텅 빈 공간에서 바람이 나오는 것처럼 느껴지는 것입니다.

그런데 1밀리미터 정도밖에 안 되는 작은 틈에서 그리 대단한 풍량이 만들어질 것 같지 않기도 합니다. 도대체 어떻게 그 많은 바람을 만들어내는 것일까요?

### 주변 공기까지 빨아들인다

이를 설명하기 위해서는 한 실험의 예를 들어야 할 것 같습니다.

커다란 비닐봉지를 준비해 봅시다. 비닐봉지 입구를 손으로 오므려서 숨만 들어가도록 해 숨을 불어넣어 봅니다. 이때 커다란 비닐봉지를 부풀리기 위해서 숨을 불어넣는 일은 그리 쉽지 않습니다.

이번에는 비닐봉지의 입구를 활짝 펼쳐서 숨을 힘껏 불어넣어 봅니다. 그러자 비닐봉지가 단번에 부풀려집니다. 이 경우는 내뱉는 숨이 주변 공기를 빨아들이면서 하나가 되어 비닐봉지 속으로 들어갔기 때문에 비닐봉지가 단번에 부풀려졌던 것입니다.

순간적으로 힘껏 내뱉은 숨으로 인해 공기의 흐름이 빨라집니다. 이때 기압은 주변보다 낮아집니다. 그러면 주변 공기가 그 공기 흐름에 빨려들어 가는 것입니다. 공기는 압력이 높은 쪽에서 낮은 쪽으로 흐르기 때문입니다.

날개 없는 선풍기에서도 이와 비슷한 현상이 일어납니다. 동체에서 보낸 공기뿐만 아니라 그 공기가 주변의 공기까지 빨아들입니다. 게다가 더 많은 공기를 빨아들이도록 세심하게 설계가 되어 있습니다.

둥근 고리 모양의 단면을 살펴봅시다. 비행기의 날개처럼 유선형으로 되어 있네요. 이 두툼한 부분인 뒤쪽에 있는 슬릿에서 앞쪽을 향해 바람이 나옵니다.

슬릿을 통해 나온 바람은 안쪽의 경사면을 따라 흐르면서 속도가 빨라집니다. 그 결과 바람이 흐르는 길은 기압이 주위보다 훨씬 낮아집니다. 이렇게 동체 안에서 올라온 바람과는 별도로, 둥근 고리 모양의 바깥쪽에서도 많은 공기를 모아 바람을 만들어냅니다.

'에어 멀티플라이어 테크놀로지'라고 불리는 기술을 이용한 다이슨 사의 제품은 동체의 구멍으로 빨아들인 공기의 대략 15배의 공기를 방출한다고 합니다(바람의 배수는 본체의 크기에 따라 달라집니다). 기압 차를 이용해 작은 동력으로 큰 바람을 만들어내는 것입니다.

### 작은 동력으로 큰 바람을

다이슨 사는 날개 없는 선풍기에 다양한 기능을 첨가함으로써 제품 라인업을 늘려가고 있습니다. 공기청정기나 팬히터, 가습기와 같은 상품을 출시하고 있습니다.

다만 앞에서 설명했듯이, 본체가 모으는 공기의 15배에 달하는 풍량이 나온다는 것은 따뜻해지거나 깨끗해지는 공기의 경우 본체가 뿜어내는 양의 15분의 1정도라는 것이므로, 풍량으로 느낄 정도의 효과는 없다고 할 수 있습니다.

또한 다이슨 사는 같은 기술을 활용하여 헤어드라이어도 만들었습니다. 손잡이 부분에 모터, 팬, 히터 등을 내장하여 손잡이 부분에서 빨아들인 공기를 헤드 부분의 슬릿으로 뿜어냅니다. 손잡이에 모터나 팬을 내장했기 때문에 헤드 부분이 가벼워져 손에 주는 부담이 줄어들었습니다.

앞으로도 이러한 기술을 활용하여 어떠한 제품이 만들어질지 기대가 되는군요.

작은 동력으로 큰 바람을 만들어내는 구조

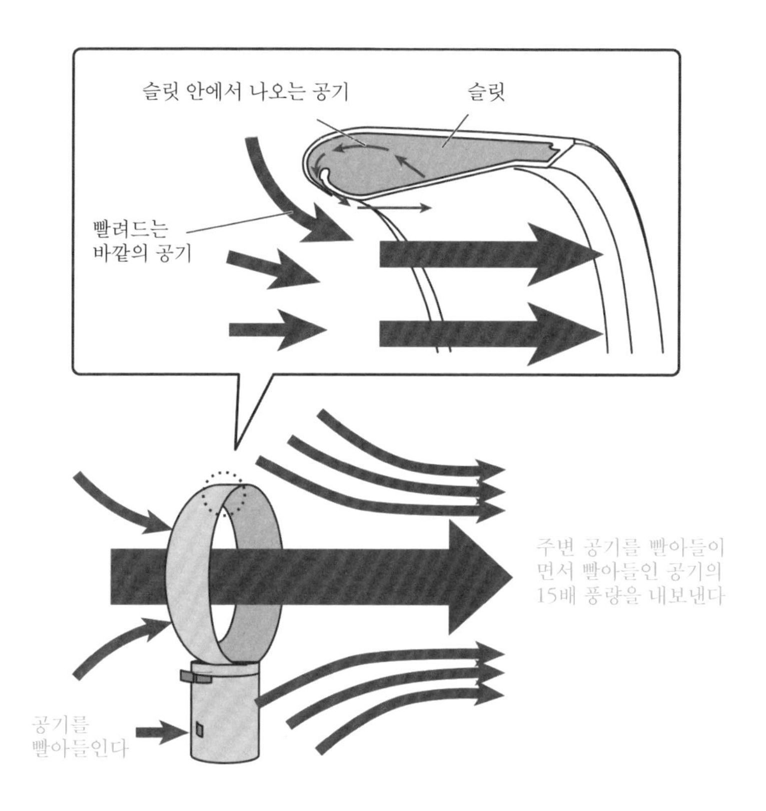

# 02 에어컨은 어떻게 쾌적한 공기를 만들까?

더운 날에는 차가운 공기를, 추운 날에는 따뜻한 공기를 만들어주는 에어컨은 우리 생활에 없어서는 안 되는 존재이지요. 에어컨은 어떻게 쾌적한 온도의 공기를 만들어낼까요?

## 열은 온도가 높은 곳에서 낮은 곳으로

냉방이나 난방은 우리 생활을 쾌적하게 해줍니다. 이러한 작용을 하는 에어컨에 대해 설명하기에 앞서 '열'에 대해서 알아보도록 합시다('열'이란 에너지를 말하는 것으로 에너지 양을 '열량'이라고도 합니다. 단위는 '줄joule'입니다. '온도'는 뜨거움, 차가움을 수치로 표시한 것으로 단위는 '도℃'입니다).

많은 대도시에서는 여름철에 무더위 대책으로 '물 뿌리기 작전'을 시행합니다. 저녁 무렵의 적당한 때를 기다려 일제히 물을 뿌리는 것입니다.

물을 뿌리면 그 물은 몇십 분이 지나면 증발하는데, 이때 조금이나마 기온이 내려갑니다. 이는 물이 증발할 때 물이 닿았던 곳의 열을 빼앗아감으로써 발생하는 현상입니다. 이처럼 액체가 기체로 변할 때 주변에서 빼앗아가는 열을 기화열(증발열)이라고 합니다.

그럼 이제 차가운 음료수가 담긴 유리컵을 머릿속에 떠올려봅시다. 더운 여름날에는 차가운 음료수를 유리컵에 따르면 그 즉시 유리컵 표면에 물방울이 생깁니다. 이는 차가워진 유리컵이 주변의 더운 공기에서 열을 빼앗아 공기 중의 수분이 액체로 변한 것입니다. 이처럼 기체(수증기)가 액체로 변할 때 방출하는 열을 응축열이라고 합니다.

### 열을 빼앗거나 내보내거나

이와 같이 '액체가 기체로 변할 때에 열을 빼앗고 기체가 액체로 변할 때에 열을 방출하는' 현상을 기계적으로 일으킴으로써 차가운 공기 또는 따뜻한 공기를 만들어내는 것이 에어컨입니다.

에어컨은 실내기와 실외기가 한 세트로 구성되어 있습니다. 이 둘은 가는 금속제 파이프로 연결되어 있어서 그 안을 냉매라는 '열 운반체'가 순환을 하고 있습니다.

냉매는 평소에는 기체(가스) 상태입니다만 차가워지면 쉽게 액체로 변하는 물질로 만들어집니다.

차가워진 액체 상태의 냉매가 더운 방에서 '열을 빼앗음'으로써 방을 시원하게 만들어줍니다. 이것이 냉방입니다. 또한 덥혀진 기체 상태의 냉매가 추운 방에 '열을 내보냄'으로써 방을 따뜻하게 해줍니다. 이것이 난방입니다.

에어컨의 실내기와 실외기는 모두 열 교환기입니다. 열 교환기에 뜨거운 기체를 통과시키면 주변에 열을 방출하고, 차가운 액체를 통과시키면 주변에서 열을 빼앗습니다. 이 두 열 교환기는 압축기와 팽창밸브를 사이에 두고 파이프로 이어져 있어서, 기체를 압축하면(압력을 올리면) 온도가 상승하고 반대로 기체를 팽창시키면(압력을 내리면) 온도가 내려갑니다. 이를 통해 기체와 액체를 오가게 함으로써 열을 이동시키는 것입니다.

### 공기가 순환하는 구조

냉방을 예로 들어 에어컨 각 부분의 기능을 살펴봅시다.

먼저 기체의 냉매가 압축기로 들어가면 기체가 압축되어 온도가 올라가면서 고온의 기체로 변해 실외기로 보내집니다. 실외기의 열 교환기에서는 고온의 냉매가 통과할 때 냉매의 온도보다 낮은 바깥 공기에 열을 빼앗기면서 식어서 액체가 됩니다.

액체의 냉매는 팽창 밸브에서 팽창하여 더욱 차가워져 실내 공기보다 더 차가운 액체가 됩니다. 이 차가운 액체가 실내기의 열 교환기를 통과할 때 이번에는 실내 공기에서 열을 빼앗아 시원한 바람을 만들어 보내게 되는 것입니다.

이때 냉매는 실내의 공기로 인해 따뜻해져 기체가 됩니다. 기체가 된 냉매는 압축기에서 압축되어 다시 고온의 기체가 되어 실외기로 보내집니다.

이 냉매의 흐름을 거꾸로 작동시키면 난방이 됩니다.

### 절전형 가전제품에서 활약하는 '히트 펌프'

이처럼 냉매의 형태를 변화시킴으로써 온도가 낮은 곳에서 열을 빼앗아 온도가 높은 곳으로 방출하여 순환시키는 것입니다. 이러한 모습이 낮은 곳에 있는 물을 끌어올리는 펌프와 비슷하다고 하여 이를 '히트 펌프(열 펌프)'라고 합니다.

히트 펌프는 압축이나 팽창 때에 전기 에너지를 사용하는데, 열 교환기의 열 이동은 '온도가 높은 쪽에서 낮은 쪽으로 이동한다'는 자연스러운 흐름이기 때문에 에너지가 필요 없습니다. 이 때문에 효율 좋은 열 이용을 실현할 수 있는 것입니다.

히트 펌프는 에어컨 외에도 냉장고나 세탁기, 바닥 난방이나 에코큐트(자연냉매 히트 펌프 급탕기) 등의 절전형 가전제품에 사용되고 있습니다.

냉방의 경우

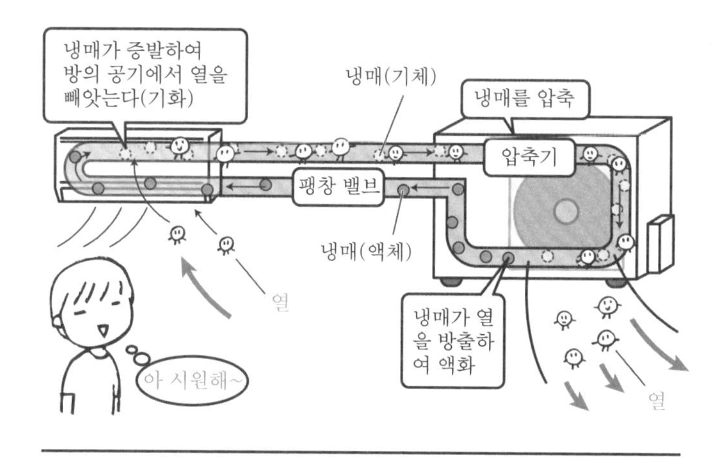
냉매가 증발하여
방의 공기에서 열을
빼앗는다(기화)
냉매(기체)
냉매를 압축
압축기
팽창 밸브
냉매(액체)
열
냉매가 열
을 방출하
여 액화
아 시원해~
열

난방의 경우

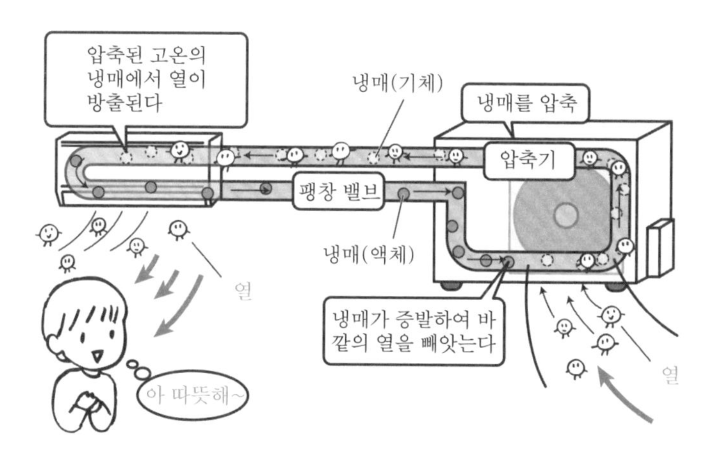
압축된 고온의
냉매에서 열이
방출된다
냉매(기체)
냉매를 압축
압축기
팽창 밸브
냉매(액체)
열
냉매가 증발하여 바
깥의 열을 빼앗는다
아 따뜻해~
열

# 03 리모컨은 어떻게 명령을 전송할까?

여러분의 집에는 리모컨이 몇 개나 있나요? 아마 여러 개 있을 것입니다. 좀 떨어진 곳에서 무선으로 어떻게 명령을 보내는 것일까요?

## 거울에 대고 리모컨을 켜면?

집에 있는 TV의 리모컨을 살펴봅시다. TV를 향하는 쪽에는 LED가 보이기도 하고 안이 잘 보이지 않는 커버가 붙어 있기도 합니다. TV 쪽에도 까맣고 투명한 부분이 있을 것입니다. 리모컨과 TV 사이에 물건이나 사람이 있으면 리모컨은 작동하지 않습니다. 우리 눈에는 보이지 않지만 리모컨의 LED 부분에서는 '빛'이 나옵니다.

그런데 TV가 보이지 않는 곳에서 리모컨을 누르면 반응하지 않는데 거울에 반사시켜 보면 어떨까요? 이번에는 제대로 작동을 합니다. 이러한 실험을 통해서도 리모컨에서 빛이 나온다는 것을 알 수 있습니다.

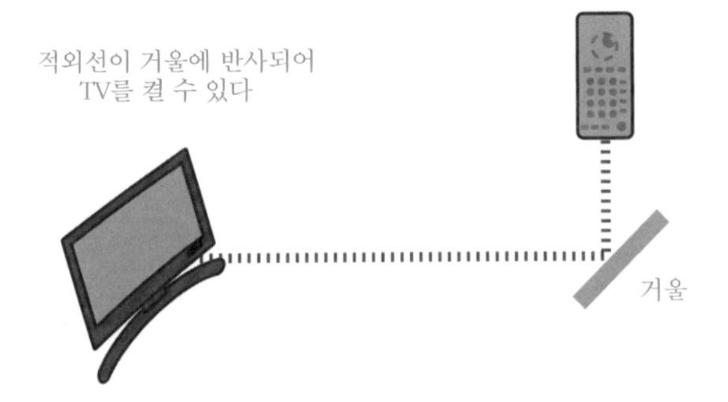

## 빛에도 여러 가지가 있다

리모컨에서 나오는 빛은 왜 눈에 보이지 않을까요? 빛에는 여러 가지 종류가 있습니다. 우리 눈에 보이는 빛을 '가시광선'이라고 하며 눈에 보이지 않는 빛을 '불가시광선'이라고 합니다.

가시광선은 보라색에서부터 빨간색까지 있고, 보라색보다 파장이 짧아 눈에 보이는 빛을 '자외선', 빨간색보다 파장이 길어 눈에 보이지 않는 빛을 '적외선'이라고 합니다.

TV 리모컨의 빛은 적외선입니다. 적외선은 사람 눈에는 보이지 않는 빛이지만 거울로 반사시키게 되면 명령을 보낼 수 있는 것입니다.

## 리모컨의 명령

리모컨의 명령은 '점멸의 조합'으로 보냅니다. 이 점멸을 디지털 신호로 변환하여 '어떠한 기기의' '무엇을' '어떻게 하겠다'라는 명령을 하나로 규합하여 보냅니다. 모스 신호(Morse Code, 미국의 발명가 모스가 고안한 것으로, 점과 선을 배합하여 문자와 기호를 나타내는 전신 부호 - 옮긴이)를 빛으로 보낸다고 생각하면 될 것입니다(신호는 몇몇 회사가 주도하고 있어서 일정한 규칙이 있기는 하지만, 통일된 규격이 마련되어 있지는 않습니다. 혼란이 발생하지 않는 것은 리모컨을 만드는 곳이 엄청나게 많은 것은 아니기 때문입니다).

## 전파식 리모컨

최근 자동차 엔진스타터를 보유한 사람이 늘고 있습니다. 이 자동차 엔진스타터는 안테나가 달려 있는 것도 많아서 같은 리모컨이라도 적외선 리모컨과는 다릅니다.

이러한 기기는 전파로 명령을 보냅니다. 그 중에는 "엔진이 잘 걸렸습니다" 하는 반응을 리모컨으로 재전송하는 것도 있습니다.

이런 전파식 리모컨은 직접 들여다볼 수 없는 곳에도 명령을 보낼 수 있는데다가 쌍방향으로 정보를 주고받을 수 있습니다.

적외선 리모컨은 정보를 보내는 데에 시간이 걸립니다. 그렇기 때문에 명령할 수 있는 내용도 한정적입니다. 반면에 전파식 리모컨은 고속으로 명령을 보낼 수 있어서 복잡한 명령을 보내는 일도 가능합니다.

'리모컨'은 'remote controller'의 줄임말로, 원격조정기를 말합니다. '떨어져 있는 곳의 물건을 제어한다'는 의미입니다.

지금까지는 '켜기/끄기, 크게/작게' 등의 단순한 명령만을 내릴 수 있었으나 기기의 발달에 따라 실로 다양한 제어가 가능해지고 있습니다. 떨어져 있는 물건을 제어한다는 의미가 점점 복잡해지고 있는 것입니다.

TV 리모컨의 구조

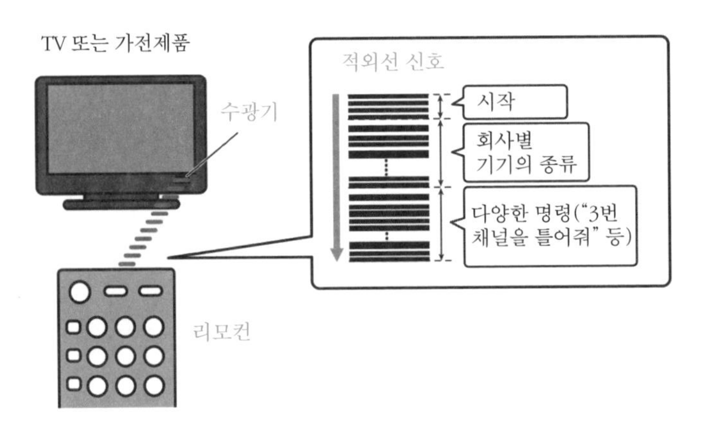

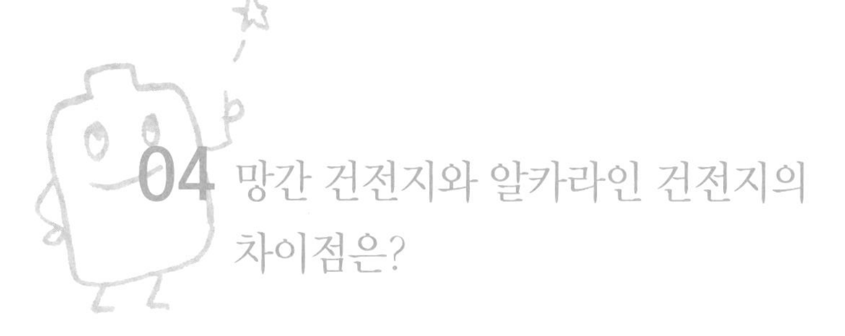

# 04 망간 건전지와 알카라인 건전지의 차이점은?

건전지라면 예전에는 망간 건전지가 일반적이었지만 요즘에는 알카라인 건전지가 주류이지요. 이 두 건전지에는 어떠한 차이가 있을까요?

## 회복력이 강한 망간 건전지

망간 건전지의 특징은 가격이 저렴하고 적은 양의 전기를 사용하는 기기를 오랫동안 움직이게 할 수 있다는 점입니다. 아주 적은 전기를 사용하고 멈추고, 사용하고 멈추며 지속적으로 반복하는 방법으로 전기를 사용할 경우에 오랫동안 사용할 수 있습니다.

그 이유는 사용하지 않는(멈춘) 동안의 회복력이 강하기 때문입니다. 알카라인 건전지도 회복력이 있습니다만 망간 건전지만큼 회복력이 강하지 않습니다.

1초마다 초침을 움직이는 시계, 버튼을 눌렀을 때에만 적외선을 방출하는 리모컨 등에 적합하여 이러한 기기에는 망간 건전지를 사용하는 경우가 많습니다.

## 강력한 파워를 오래 유지하는 알카라인 건전지

알카라인 건전지는 강력한 파워를 오랫동안 유지한다는 점이 특징입니다. 그렇기 때문에 모터를 움직이는 기기나 안정된 전기를 필요로 하는 전자기기에 사용되고 있습니다. 요즘에는 건전지를 사용하는 기기 대부분이 알카라인 건전지를 사용하고 있습니다.

망간 건전지는 전기를 계속 사용하면 금방 전압이 떨어지기 때문에 알카라인 건전지를 사용하도록 권장하는 기기에 넣었을 경우 눈 깜짝할 새에 사용할 수 없게 됩니다. 알카라인 건전지는 망간 건전지보다 2~3배 오래 사용할 수 있습니다. 가격도 그 정도의 차이가 있습니다.

알카라인 건전지가 파워풀하고 오래 사용할 수 있어서 망간 건전지를 사용할 기회가 상당히 줄었습니다. 젊은이들 중에는 망간 건전지를 모르는 사람도 있지 않을까요?

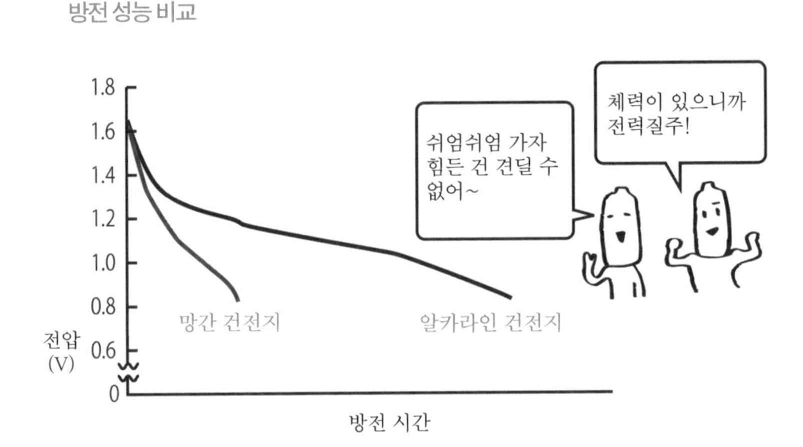


### 알카라인 건전지의 결점은?

건전지를 제품에 넣어놓은 채 오랫동안 방치해 전지에서 액체가 나와 기기가 못 쓰게 된 경험은 없나요? 이것은 누액(漏液)이라는 현상입니다.

알카라인 건전지 안에는 액체가 들어 있습니다. 여기에는 수산화칼륨(수산화칼륨은 건전지 외에 업무용 파이프 세정제 등에 사용됩니다)이라는 물질이 녹아 있으며 강한 알카리성입니다. 맨손으로 만지면 위험하며 눈에 들어가면 실명의 우려도 있습니다. 모르는 사이에 액체가 새어서 기기의 단자나 회로를 못 쓰게 만드는 경우도 있습니다.

누액의 원인은 몇 가지 있습니다. 전지를 거꾸로 넣었거나 과방전(과방전이란 방전 종료 전압을 밑도는 상태에서 방전된 것입니다. 전지 수명이 다한 뒤에도 그대로 넣어둔 채 방치하면 전지에서 미량의 전류가 계속 흐릅니다. 이때 전지 내부에서는 수소가스가 발생합니다. 수소가스가 일정량 이상이 되면 안전밸브가 작동해 가스를 밖으로 방출합니다. 이때 안에 있던 전해액도 함께 방출되는 것입니다)이 되었을 때, 그리고 사용 가능 횟수를 넘겼는데도 계속 사용할 경우 누액이 발생하기 쉽습니다.

예전에는 망간 건전지도 자주 누액이 발생했습니다. 그러나 지금은 망간 건전지의 경우 내부의 액체를 걸쭉한 상태의 페이스트(paste)로 만들고 있어서 누액이 발생할 우려는 거의 없습니다. 그러므로 과방전에 의한 누액이 걱정되는 기기에는 망간 건전지를 사용하는 것이 좋습니다.

### 과방전에 주의

그렇다면 어떠한 기기에서 과방전이 일어나기 쉬운 걸까요? 그것은 바로 오랫동안 전지를 넣어둔 채 방치한 기기입니다.

리모컨이나 벽시계는 전기를 조금밖에 사용하지 않기 때문에 알카라인 건전지를 사용하면 거의 몇 년 동안 전지 교환을 할 필요가 없습니다. 그 사이에 전지의 사용 가능 횟수를 넘겨버려 누액이 발생하는 경우가 있습니다. 특히 저렴한 알카라인 건전지는 사용 가능 횟수가 짧은 것이 있으므로 주의할 필요가 있습니다.

한편 망간 건전지는 전지의 사용 가능 횟수가 오기 전에 전지가 다 닳는 경우가 대부분입니다. 알카라인 건전지과 비교해서 오래 쓰지 않는다는 점이 안전을 위해 도움이 될 때도 있습니다.

전지가 다 닳았는데 잊어버리고 교환하지 않은 경우에도 과방전이 일어납니다. 전지는 사용하지 않아도 자기 방전(자연스럽게 전기가 새는 것)을 하기 때문에 비상용 물품함에 넣어놓은 손전등이나 라디오에 건전지를 그대로 두는 것도 위험합니다. 자칫 누액이 발생해 사용하지 못할 수도 있습니다. 이러한 기기는 건전지를 뺀 상태로 보관하는 것이 좋습니다.

다양한 전지

## 건전지는 불연 쓰레기?

건전지 폐기는 각 지자체에 따라 불연 쓰레기나 자원 쓰레기, 유해 쓰레기로 구별하는 등 각양각색입니다. 각각의 규칙에 따라 적절하게 처리하도록 합시다.

사단법인 전지공업회에서는 망간 건전지와 알카라인 건전지를 모두 '불연 쓰레기'로 처리하도록 권장하고 있습니다. 처리장에 매립해도 토양 오염과 같은 문제가 발생하지 않기 때문입니다. 다만 쓰레기에 섞여 전기가 흐르면서 화재로 이어질 수 있으므로 단자에 스카치테이프를 붙여서 버리도록 해야 합니다.

한편 충전기나 버튼 전지 중에는 불연 쓰레기로 배출해서는 안 되는 전지도 있습니다. 전지에 사용되는 성분 중에 수은이나 카드뮴과 같은 토양 오염 물질이 함유된 경우가 있기 때문입니다. 반드시 지자체의 쓰레기 분리배출 방법을 확인하고 버리도록 합시다.

## 05 사람이 내는 열량은 전구 1개 분량과 같다?

창문을 다 닫은 방에 많은 사람이 모여 있으면 방의 온도가 올라갑니다. 전구의 경우를 예로 들 때, 사람은 전구 몇 개 분량의 에너지를 발열하는지 살펴봅시다.

### 인간에게 필요한 에너지는?

인간은 살아가는 데에 필요한 에너지를 식사를 통해서 얻습니다. 음식을 입으로 먹고 그 에너지를 소비하여 몸 밖으로 열을 방출하는 것입니다.

이때 계산의 근거가 되는 에너지에 대해서 '기초대사'를 기준으로 알아봅시다.

기초대사란 사람이 아무 것도 하지 않는 안정된 상태에서 단지 생명을 유지하기 위해 필요한 최소한의 에너지를 말합니다. 구체적으로 심장박동이나 호흡, 체온 유지 등 생명 유지를 위해 사용되는 에너지 대사만을 의미합니다.

하루의 기초대사량은 연령이나 성별, 체중에 따라 차이가 있습니다. 성인 남성(60킬로그램)의 경우에 약 1,500킬로칼로리, 성인 여성의(50킬로그램)의 경우에는 약 1,200킬로칼로리라고 합니다.

생명 유지를 위해서만 이만큼의 에너지를 식사를 통해 섭취하고 있는 것입니다.

일상생활을 해나가기 위해서는 당연히 이 이상의 에너지가 필요합니다.

### 에너지의 단위와 작업률

참고로 에너지의 단위는 세계적으로 '줄(joule)'을 장려하고 있지만 음식이나 대사의 열량을 계산할 때에는 '칼로리(cal)'라는 단위도 여전히 사용되고 있습니다.

또 "물 1킬로그램의 온도를 1℃ 높이기 위해서 필요한 열량은 1킬로칼로리"라고 정의하고 있습니다. '1칼로리는 4.2줄', '1줄은 0.24칼로리'입니다.

여기에서는 "사람의 열량이 몇 와트의 전구에 해당하는가?"라는 질문에 대해 알아보고 있으므로, 와트라는 단위에 대해 약간의 설명을 덧붙이고자 합니다.

와트(W)는 "1초 동안 얼마나 작업을 할 수 있는가?"라는 작업률의 단위입니다.

초마다 1줄(J)의 작업률은 1와트입니다.

줄 단위의 작업이나 에너지를 초로 나누면 작업률=와트의 값을 구할 수 있습니다.

와트는 가전제품에도 활용되고 있습니다. 형광등이나 TV를 구입하려고 할 때에는 몇 와트인지를 알아야 합니다. 전기의 작업률을 전력이라고 부릅니다.

### 소비 열량을 전력으로 환산하면?

인간의 소비 열량을 전력으로 환산하면, 인간이 몇 와트의 가전제품과 같은 에너지를 소비하고 있는지를 계산할 수 있습니다.

성인 남성의 경우에 하루 1,500킬로칼로리의 기초대사량을 줄로 환산하면 6,300킬로줄입니다.

6,300킬로줄은 630만 줄입니다. 이를 1일=86,400초로 나누면 초당

72줄, 다시 말해 72와트가 됩니다.

가정에서 사용하는 일반적인 백열전구가 60와트이므로 전구 1개분을 켜고 아주 조금 남을 정도의 에너지로 인간의 생명이 유지되고 있다고 할 수 있습니다.

보통 일상(통근이나 쇼핑, 가사 등)에서는 기초대사량의 약 1.75배의 에너지가 필요하므로 약 126와트가 됩니다. 다시 말해 인간은 60와트 전구 2개분의 에너지로 활동하고 있다고 할 수 있을 것입니다.

그러나 식사를 통해 얻은 에너지 전부가 인체에서 나오는 열량으로 바뀌는 것은 아닙니다.

### 인간이 내는 발열량은 어느 정도일까?

사람이 섭취하는 칼로리에 대한 에너지 효율을 살펴봅시다.

식사를 통해 얻은 에너지 가운데 체내의 다양한 작용에 약 25퍼센트가 사용됩니다. 나머지 약 75퍼센트는 열이 되어 발산됩니다. 이는 가솔린 엔진과 거의 비슷한 에너지 효율이라고 할 수 있습니다.

열은 몸의 표면에서 발산되기도 하고 소변이나 대변과 함께 체외로 배설되기도 합니다만, 동시에 몸을 따뜻하게 하여 체온을 유지하게 해주는 작용도 하고 있습니다.

그 결과 사람의 체온은 대개 37℃ ±1℃의 범위에 있으며 특별한 일이 없는 한 거의 일정하게 유지됩니다.

126와트의 에너지를 소비하는 성인 남성의 경우에 75퍼센트인 약 94와트가 열이 되어 몸 밖으로 방출된다고 할 수 있습니다.

결국 사람 한 명은 100와트 전구에 가까운 에너지를 발산하고 있다고 할 수 있습니다. 달리기나 수영과 같은 격렬한 스포츠를 할 때에는 그 몇 배 이상의 열량을 발산하는 것입니다.

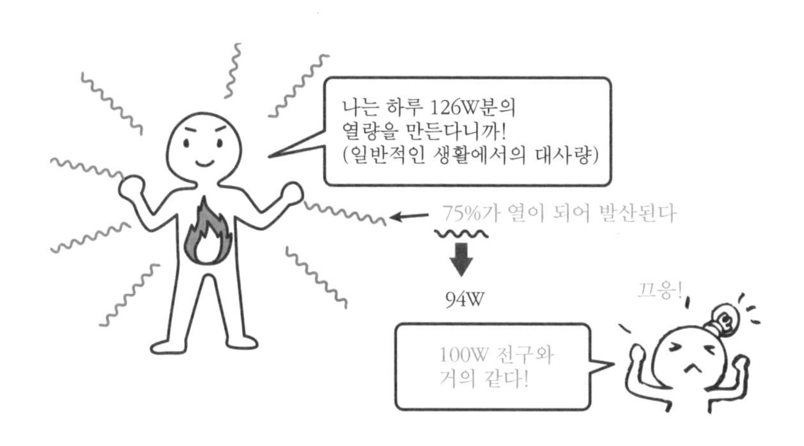
나는 하루 126W분의
열량을 만든다니까!
(일반적인 생활에서의 대사량)
75%가 열이 되어 발산된다
94W
끄응!
100W 전구와
거의 같다!

# 06 LED 조명의 전기료는 형광등의 반이다?

> 우리 주변에는 많은 LED가 넘쳐나고 있습니다. 가정의 조명, 신호기나 전광게시판, 스마트폰이나 노트북의 액정 화면을 밝게 해주는 빛이 모두 LED입니다. 그 구조에 대해 살펴봅시다.

## 에너지 효율이 좋은 LED

LED(Light Emitting Diode)는 다른 이름으로 '발광 다이오드'라고 합니다. LED는 정해진 방향으로 전류가 흐를 때에만 발광합니다.

1962년에 적색 LED가 개발되었습니다. 개발 당시에는 광원으로서 그 능력이 미미했으나, 현재에는 고광도 발광 다이오드가 개발되어 신호기, 농업이나 어업용 광원, 손전등, 가정이나 공장 · 상점의 조명 등 용도가 비약적으로 확대되고 있습니다. 신호기나 전광게시판은 이전보다 선명하게 볼 수 있게 되었습니다.

LED는 전기를 직접 빛으로 변환하기 때문에 백열전구나 형광등에 비해 에너지 효율이 좋아 오래 쓸 수 있습니다. LED는 LED 조명으로 이용되기 이전부터 사용되어 왔습니다. CD, DVD, BD(블루레이 디스크, DVD보다 전송 속도가 4~5배 빠른 대용량 광디스크 규격 - 옮긴이)가 제품화될 수 있었던 것도 LED 덕분입니다.

이후 LED가 조명으로 각광을 받기 시작한 것은 기술 혁신으로 충분한 조도(照度)를 확보하고 청색이나 백색 LED가 저렴해져 자연스러운 빛을 재현할 수 있었기 때문입니다.

### LED 전구의 구조와 빛이 퍼지는 방식

LED의 발광 구조는 백열전구와 크게 다릅니다.

백열전구는 금속의 가느다란 선으로 이루어진 필라멘트를 발열시켜서 발광합니다. 한편 LED의 발광은 반도체 등에 전압을 가할 때에 높은 에너지 상태(들뜬 상태)가 되었다가, 이것이 낮은 에너지 상태(바닥 상태)로 돌아올 때에 일어나는 발광을 이용하는 것입니다.

그림 1은 LED 전구의 구조입니다. LED 전기가 발하는 빛을 렌즈로 확산시켜 전구 전체를 밝게 해주는 것입니다.

또한 LED 전구와 백열전구 사이에는 빛이 퍼지는 방식에도 차이가 있습니다. 그림 2와 같이 LED 전구는 빛을 방사하는 방향으로 편중되어 전구면의 정면을 밝게 해주는 반면, 측면이나 뒷면은 어둡습니다.

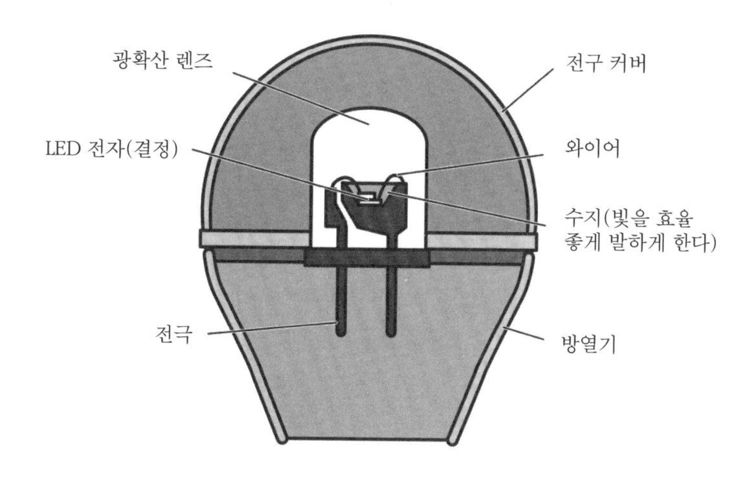


그림 1 LED 전구의 구조

그림 2 **백열전구와 LED 전구의 빛이 퍼지는 방식**

### 청색 LED의 발명이 백색광을 실현

LED는 하나의 파장인 빛(단색광)을 방출합니다. 백색광을 내려면 청 · 녹 · 적 세 가지의 LED가 필요한데 청색 LED의 발명으로 백색광이 가능해졌습니다.

가장 많이 보급된 LED 전구는 청색 LED와 황색 발광체를 사용한 것입니다. 청색 LED 칩의 상부에 황색 발광체를 장착합니다. 청색이 황색 형광체에 닿아 청색을 황색으로 만듭니다. 이 황색과 청색 LED에서 나오는 청색을 결합하여 유사 백색을 얻는 것입니다.

2014년, 아카사키 이사무, 아마노 히로시, 나카무라 슈지 이들 3명이 '고광도이면서 에너지 효율이 좋은 백색광을 실현하는 청색 발광 다이오드 개발'이라는 업적으로 노벨 물리학상을 수상했습니다.

세계 최초의 청색 LED는 1989년에 나왔고 밝고 실용적인 청색 LED는 1993년에 등장해, 적색 LED가 나온 지 30년 이상이나 지난 시점이었습니다. 그 가장 큰 이유는 청색 다이오드의 중요 요소인 질화 갈륨의 무색 결정을 안정시켜서 만드는 일이 어려웠기 때문입니다.

### LED의 수명은 형광등의 약 4배

LED의 수명은 약 4만 시간(LED는 조금씩 어두워지기 때문에 초기 광도의 70%가 되었을 때를 '수명'으로 정하고 있습니다)으로, 전구(약 3,000시간)나 형광등(6,000~1만 2,000 시간)의 수명과 비교해도 압도적으로 길다는 특징이 있습니다. 교체하기 곤란한 장소의 조명이나 신호기에 사용되는 이유가 바로 이것 때문입니다.

또한 전기 에너지에서 가시광선으로 전환되는 변환효율은 전구, 형광등, LED의 순으로 10%, 20%, 30~50%라고 하므로 고효율이라는 점도 장점 가운데 하나입니다.

그리고 LED 전구의 전기 요금은 형광등의 반 이하입니다. 각 세대에서 LED 전구를 사용하면 적지 않은 전기 요금을 절약할 수 있다고 합니다.

LED의 장점은 수명이 길어서 전구 교체에 손이 많이 가지 않고 소비 전력이 적으며 충격에도 강하고 전기를 켜면 그 즉시 밝아지는 점 등이 있습니다. 단점으로는 가격이 비싸고 열에 약하며 무겁고 빛을 균일하게 방사하지 못한다는 점을 들 수 있습니다.

### LED 조명의 라이벌, OLED 조명의 출현

OLED(유기 발광 다이오드) 조명은 그림자를 만들지 않으며 자연광에 가까운 느낌으로 발광하기 때문에 방안의 조명처럼 광범위한 곳을 비추는 용도로 사용 가능하다는 점 등 다양한 가능성을 가지고 있습니다. LED 조명에 이어 차세대 조명으로 주목받고 있습니다.

# 07 CD, DVD, BD는 어떻게 소리나 영상을 기록할까?

음악이나 사진, 동영상 등을 보존하고 재생할 수 있는 CD, DVD, BD는 가정에 널리 보급되어 있습니다. 이것들은 어떤 구조로 기록하고 재생하는 걸까요?

## 아날로그 녹음과 디지털 녹음

소리와 영상은 어떻게 기록되는 걸까요? 여기서 소리의 경우를 알아보겠습니다. CD가 보급되기 전의 음악 녹음이라고 하면 LP 레코드나 카세트테이프로 대표되는 아날로그 녹음이었습니다.

소리는 공기의 진동이므로 직접 물체의 형태로 기록할 수 있습니다. 소리의 진동을 플라스틱의 요철이나 자성체 표면에 있는 자기의 강약에 따라 기록하는 것입니다. 재생할 때에는 바늘이나 자기 헤드 등으로 기록 면을 덧그리듯 긁어 음의 파형을 읽어냅니다.

이 방법의 경우 기록 면에 직접 접촉해서 읽어내기 때문에 처음에는 원음에 가까운 음을 재생할 수 있지만 여러 차례 반복하다 보면 원형이 변형되어 음을 재생할 수 없게 되어버립니다.

한편 디지털 녹음은 먼저 소리의 파형을 일정 시간마다 나누어 음파의 높이를 십진수로 읽어냅니다. 이어서 이를 이진수로 변환하여 그 수치를 기록하는 것입니다(그림 1).

이진수인 0과 1의 차이를 인식하고 있다면, 재생되는 소리를 항상 녹음되었을 때의 음질로 유지할 수 있습니다.

다만 일정 주기마다 있는 파형의 구분이 거칠어지면 원음과 차이가 크게 나기도 합니다. 이 주기를 샘플링 주파수(아날로그 신호를 디지털 신호로 전환할 때 단위시간당 표본화 횟수를 말합니다)라고 하며 가능한 한 짧은 주기로 파형을 읽어내는 것이 원음을 제대로 재현할 수 있는 방법입니다. 하지만 너무 짧으면 이번에는 데이터의 양이 방대해집니다. 적절한 선에서 타협을 해서 적당한 데이터 양이 되는 주파수를 채용하고 있습니다.

CD는 44.1킬로헤르츠의 주파수입니다. 소리를 1초 동안에 4만 4,000번으로 나누어 음파의 높이를 읽어내는 것입니다. 이 정도의 주기라면 사람의 귀로 들을 수 있는 음역을 가장 충실하게 재현할 수 있습니다. 또한 데이터의 양도 그리 커지지 않아 CD의 크기에 잘 담깁니다.

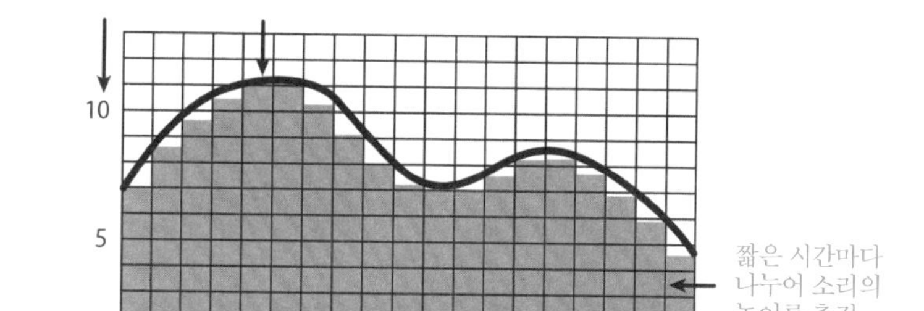


첫 번째 소리의 높이→수치로 읽어낸다 '7.0'→근사치화:십진수'7'→이진수화 '0111'
두 번째 소리의 높이→수치로 읽어낸다 '8.5'→근사치화:십진수'9'→이진수화 '1001'
세 번째 소리의 높이→수치로 읽어낸다 '9.8'→근사치화:십진수'10'→이진수화 '1010'
네 번째 소리의 높이→수치로 읽어낸다 '10.6'→근사치화:십진수'11'→이진수화 '1011'
첫 번째부터 네 번째까지의 소리를 이진수로 변환하면…'0101100110101011'이 된다.

그림 1 디지털 녹음

## CD, DVD, BD의 구조와 차이

디지털화한 정보를 음반 면에 기록한 것이 CD 등의 광디스크입니다. CD는 알루미늄 층이, 레벨 등이 인쇄된 층과 투명한 층 사이에 삽입되어 있습니다.

투명한 층에는 '피트'라고 하는 구멍이 있으며 이 구멍이 있는 곳과 없는 곳에서 디지털 정보의 0과 1을 구별합니다(그림 2).

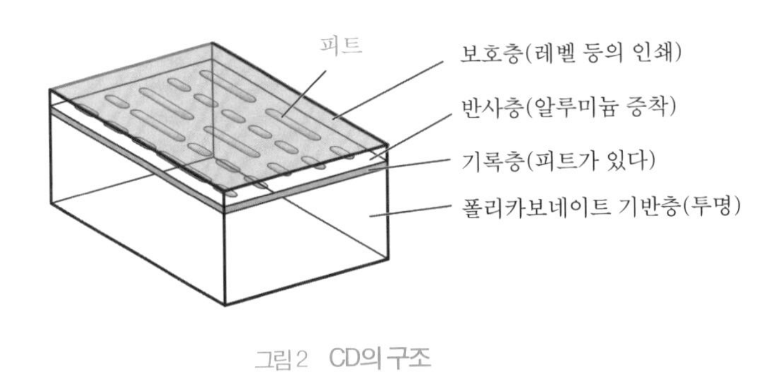


그림2 CD의 구조

재생할 때에는 투명 층 방향에서 빛을 비추어 알루미늄 층에서 반사된 빛을 읽어냅니다. 피트가 있는 곳과 없는 곳의 반사 방식이 다르기 때문에 0과 1을 구별할 수 있습니다.

읽어낸 빛은 CD에서 파장이 780나노미터의 적외선, DVD에서 650나노미터의 적색 빛, BD에서 405나노미터의 청자색(青紫色) 빛이 사용됩니다(1나노미터는 100만분의 1밀리미터입니다).

빛의 파장이 짧아질수록 정보를 고밀도로 기록할 수 있습니다. 같은 사이즈의 원반이지만 BD(블루레이 디스크)가 압도적으로 고용량인 것은 이 때문입니다(그림 3).

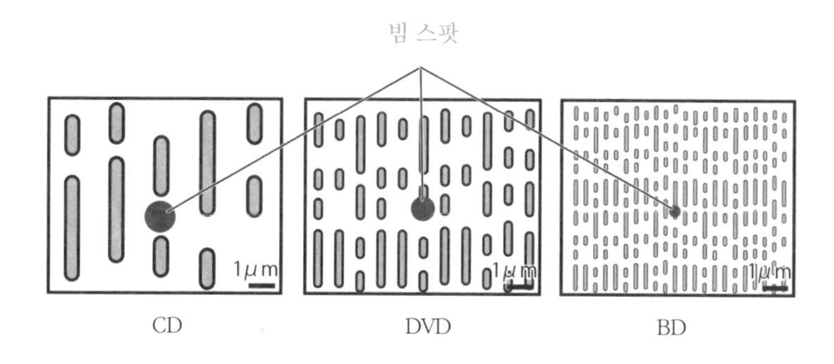


그림 3 같은 스케일로 나열했을 때의 피트의 크기

**언제까지 보존할 수 있을까?**

CD가 발매된 1980대에는 100년 이상 보존할 수 있다고 했습니다. 재생 시에 접촉을 하지 않고 정보를 판독해 내면 영원히 보존할 수 있다고 생각했던 것입니다.

그런데 의외로 수명이 짧다는 것을 알게 되었습니다. 몇 년 지나지 않았는데 사용하지 못하는 경우도 있습니다. 이는 알루미늄이 산화되어 자그마한 구멍이 생기면서 발생합니다.

또한 BD는 투명 층이 얇아서 CD 보존용의 부직포 케이스에 넣어도 요철이 기록층을 변형시켜 역시 재생 불능 상태가 되는 경우도 있습니다.

## 08 액정 TV는 어떻게 영상을 비출 수 있지?

과거의 브라운관 TV는 어느덧 사라지고 지금은 얇은 액정 TV가 당연하게 자리하고 있습니다. 컬러 액정 TV는 어떠한 구조로 이루어져 있을까요?

### 액정이란?

액정(液晶)은 액체와 고체 양쪽의 성질을 가진 물질입니다. 고체처럼 단단하게 굳어 있는 것도 아니고 액체처럼 줄줄 흘러내리는 것도 아닌, 걸쭉한 상태입니다. 고체처럼 정해진 형태로 될 수도 있고 액체처럼 다양한 형태로 될 수도 있습니다. 결정과 액체의 중간 상태이기 때문에 '액정'이라는 이름을 갖게 되었습니다. 액정에 열이나 전압을 가하면 결정의 배열이 변해 빛의 투과, 반사, 산란 상태가 변화합니다. 이러한 성질을 이용해서 숫자, 문자, 화상 등을 표시하는 디스플레이가 개발되었습니다.

액정은 그 자체로 발광하지 않지만, 얇은 형태로 소비전력을 절약할 수 있어서 처음에는 모놀로그로 전자계산기, 전자시계용으로 상품화되었다가 컬러화되었습니다.

### 색의 3원색

액정 TV의 화면을 가까이에서 잘 들여다보면 작은 점이 바둑판처럼 규칙적으로 나열되어 있는 것을 알 수 있습니다. TV 화면은 이 작은 점(화소)의 색과 밝기에 변화를 주면서 만들어집니다.

인간이 여러 가지 색을 인식할 수 있는 것은 눈의 망막상에 적색, 녹색, 청색의 빛에 대응하는 센서가 있기 때문입니다. 이 세 가지 색에 대응하는 빛은 강하게 느끼고 그 파장에서 벗어난 빛은 약하게 느낍니다. 이러한 센서에 들어오는 빛의 정보가 뇌에 전달되어 처리되면서 색을 인식합니다.

적색, 녹색, 청색 이 세 가지 색은 '빛의 3원색'이라고 하며 이 세 가지 빛을 균일하게 섞으면 흰색이 됩니다. 이들 빛의 조합에 따라 다양한 색을 만들 수 있습니다. 예를 들어 적색과 녹색의 빛을 섞으면 Y(Yellow, 황색), 녹색과 청색의 빛을 섞으면 C(Cyan, 맑은 청록색), 청색과 적색의 빛을 섞으면 M(Magenta, 자홍색)이 됩니다.

고배율의 확대경으로 액정 화면을 확대하면 규칙적으로 나열된 적색, 녹색, 청색의 작은 창이 보입니다. 다시 말해 적색, 녹색, 청색의 작은 창은 바로 빛의 3원색인 것입니다. 이러한 화소의 밝기와 적색, 녹색, 청색의 조합을 조절하여 TV 화면의 다양한 색이 만들어집니다.

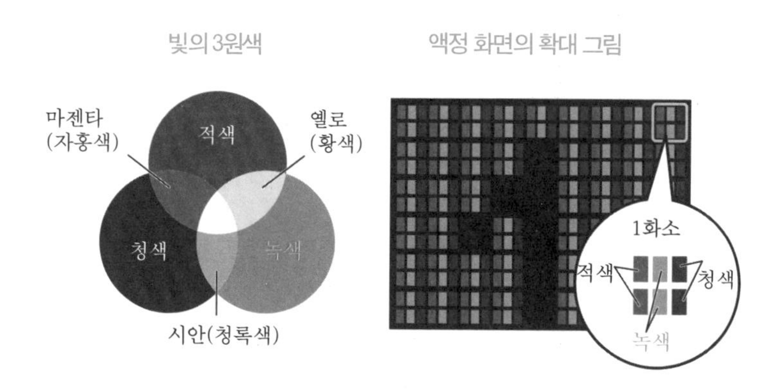


## 액정 TV의 기본적인 구조

액정 디스플레이의 중심 부분은 '편광판 + (유리판 + 투명 전극 + 액정 + 투명 전극 + 유리판) + 컬러 필터 + 편광판' 등 8개 층으로 이루어져 있습니다.

이 중 핵심은 액정으로, 유리판 2장은 액정의 보호, 투명 전극은 액정의 제어 역할을 하기 때문에 '유리판 + 투명 전극 + 액정 + 투명전극 + 유리판'을 모두 액정이라고 하는 경우도 있습니다. 이 경우에는 액정 디스플레이의 중심 부분이 4개 층으로 이루어집니다.

액정 디스플레이의 기본 구조(녹색의 경우)

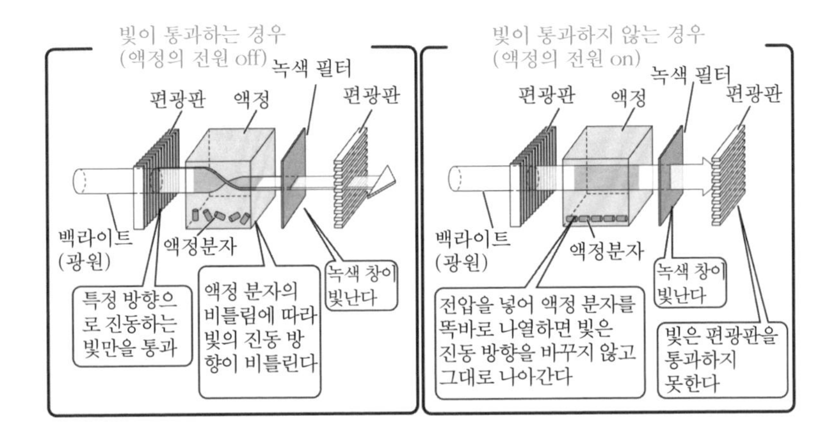


### 액정이 영상을 비추는 구조

광원에서 나온 빛은 모든 방향으로 진동하지만 그 빛 가운데 특정 방향으로 진동하는 빛만이 통과하는 필터가 '편광판'입니다. 편광판을 통과한 빛은, 진동면이 특정한 방향으로만 진동하며 나아가는 빛이기 때문에 '편광(偏光)'이라고 합니다.

액정에 전압이 들어가지 않았을 때에는 액정 분자가 비틀린 상태로 나열되어 있습니다. 전원을 넣어 백라이트를 켜면 액정 분자는 비틀린 채로 있기 때문에, 백라이트 가까이에 있는 편광판을 통과한 빛은 액정에서 비틀리면서, 표면 가까이에 비틀려서 놓여 있는 편광판을 통과할 수 있습니다.

액정에 전압이 들어왔을 때에는 액정 분자의 비틀림이 사라집니다. 액정을 통과한 빛도 비틀림이 없이 통과해 버려, 표면 가까이에 비틀려서 놓여 있는 편광판을 통과할 수 없습니다.

화면 근처의 편광판 아래에는 세 가지의 컬러 필터가 있습니다. 적색, 녹색, 청색 중 어느 화소를 빛이 통과하는지에 따라 다양한 색을 발하게 됩니다. 실제로 세 가지 색 각각의 광량(光量)이 변화하기 때문에 이 색들이 섞여서 많은 색을 발하게 됩니다.

### 액정 TV의 특징

액정 TV의 단점은 액정 자체가 발광하지 않기 때문에 항상 백라이트를 켜야만 한다는 점입니다. 예전에는 백라이트에 냉음극관(간단하게 말하면 형광등과 같은 것)이 사용되었지만, 현재에는 백색 LED(발광 다이오드)로 바뀌어 에너지도 절약되고 수명도 길어졌습니다.

또한 액정의 비틀림이 원상복귀하는 점을 이용하여 빛의 통과 여부를 조절하기 때문에 동작 속도가 느려져 움직임이 빠른 영상에서 잔상감이 발생하기도 합니다. 다만 이 점은 많이 개선되었습니다.

점이 구조적으로 몇 겹으로 이루어져 있어서 정면에서 보지 않으면 깨끗하게 보이지 않아 시야각에도 문제가 있습니다. 다만 이는 누군가 훔쳐볼 우려를 줄여준다는 점에서는 장점이라고도 할 수 있습니다.

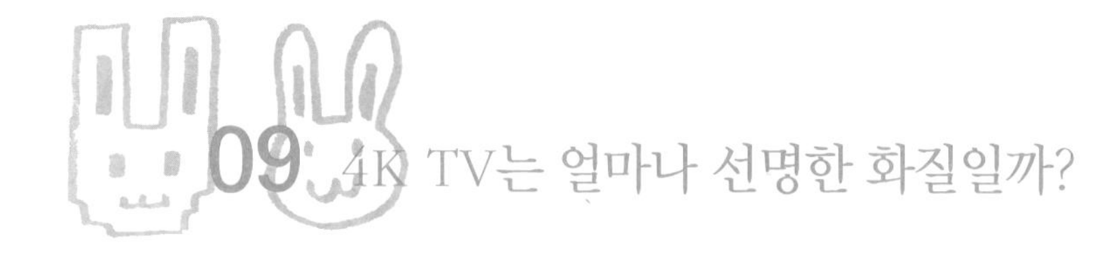

# 09 4K TV는 얼마나 선명한 화질일까?

최근 자주 듣는 '4K TV'. 가까운 미래에는 '8K가 기다리고 있지' 하는 말까지 있습니다. 지상파 디지털 TV나 예전의 아날로그 TV와 무엇이 다른 것일까요?

## 잇달아 등장하는 신규격

아날로그 TV나 VHS 비디오가 사라지면서 지상파 디지털이 보급되었고 DVD에서 BD, 그리고 4K로 우리를 둘러싼 영상 환경은 크게 변화하고 있습니다.

가전제품 판매장의 디스플레이에도 2K, 4K와 같은 스티커가 붙어 있어서 영화관 스크린 못지않은 고해상도의 영상을 볼 수 있습니다(영화관에서 영화 상영을 위해 사용되던 35밀리 필름의 화질은 디지털 화상으로 환산하면 블루레이 상당의 가로 2,000픽셀 정도라고 합니다). 이들 규격은 무엇이 다른 것일까요? 또한 구입할 때에는 무엇을 주의하면 좋을까요?

## TV의 화상 규격

디지털 화상은 여러 가지 색을 가진 점의 집합체로 이루어져 있습니다. 이 점 하나하나를 '화소(픽셀)'라고 합니다. 또한 화상의 폭과 높이를 화소의 수로 표현한 것이 '화소수'입니다.

오랫동안 보급되었던 아날로그 TV의 화질은 그리 좋지 않았습니다. 아날로그 TV의 화상을 디지털 화상으로 환산하면 720×480화소이며, 이 화소수는 그대로 DVD에도 채용되고 있습니다.

이에 반해 현재의 디지털 방송(하이비전)의 화소수는 1,280×720화소(BS 디지털)~1,440×1,080화소(지상파 디지털)입니다. BS 디지털 방송의 일부와 BD에 수록되는 풀 하이비전의 화소수는 1,920×1,080으로, 이는 현재 주력제품인 'Full HD'라고도 하는 화질입니다. 가로의 화소수가 약 2,000이기 때문에 2K라고 부르는 것입니다.

이 화질을 더 올리려고 검토하고 있는 단계가 4K입니다. 화소수는 3,840×2,160입니다. 하나의 화상에 들어간 정보의 양은 4K의 경우에 아날로그 TV 시대의 24배, 8K의 경우 100배 가까이 됩니다.

### 매끄러움을 보여주는 프레임 레이트

1초 동안에 표시하는 그림 수를 '프레임 레이트'라고 합니다. 아날로그 TV에서 4K까지는 60프레임입니다. 1초 동안에 60장의 그림을 표시한다는 의미입니다.

그러나 아날로그 시대에는 한 번에 많은 정보를 보내는 일이 어려웠기 때문에 화상을 홀수 가로줄과 짝수 가로줄 2장의 그림으로 나누어 번갈아 보냈습니다. 이 방식을 '인터레이스 방식'이라고 합니다.

한편 서로 다른 반절 화상이 아니라 완전한 화상을 표시하는 것이 '프로그레시브 방식'입니다. 현재 가정용 비디오카메라는 Full HD의 60프레임 프로그레시브 동영상(1,080p라고 합니다)이어서 매우 매끄러운 고화질의 동영상을 촬영할 수 있습니다.

가정의 TV나 블루레이 레코더는 이러한 다양한 규격의 영상을 변환하면서 표시하고 있습니다. 영상뿐만이 아니라 음성 기록(인코드) 방식도 컴퓨터, 디지털카메라, 비디오카메라, 블루레이 디스크의 경우 서로 다른 경우가 있어서 촬영한 비디오를 볼 수 없거나 음성을 들을 수 없거나 하는 문제의 원인이 되기도 합니다. 구입하거나 접속하기 전에 첨부된 설명서를 잘 확인해야 합니다.

화상 규격의 차이

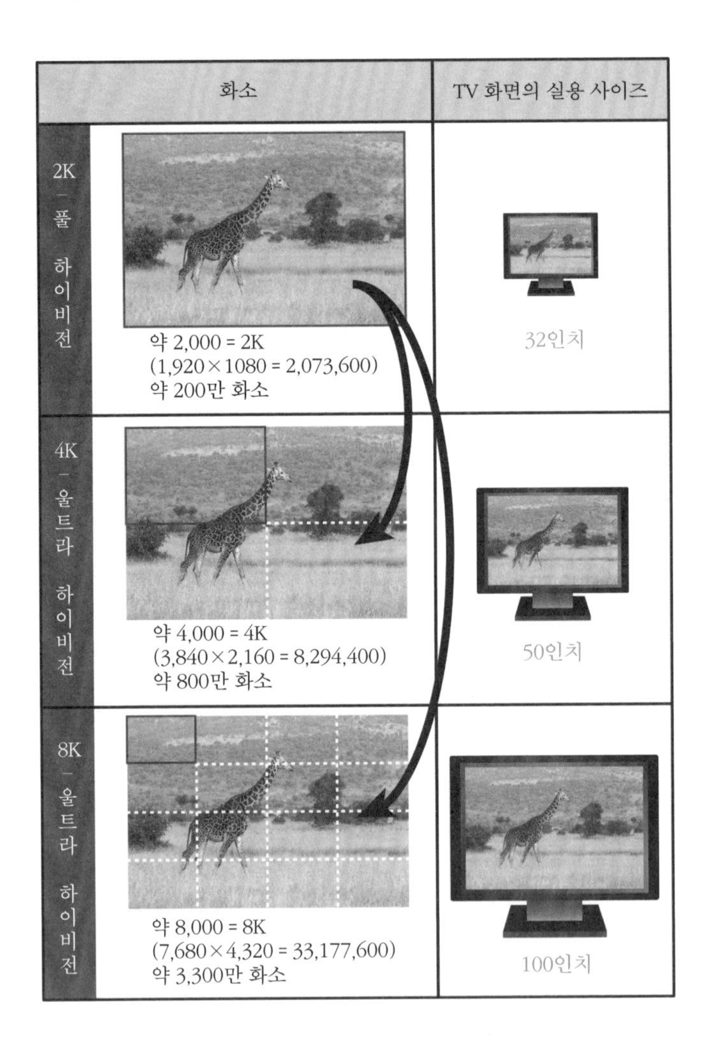

### 지나치게 고화질인 4K와 8K

참고로 현재 개발이 진행되고 있는 8K의 화소수는 7,680×4,320, 프레임 레이트는 120입니다. 4K나 8K는 지나치게 고화질이어서 가정용 사이즈의 디스플레이에서는 더 이상 그 차이를 느낄 수 없지 않을까 하는 의견도 있을 정도입니다.

지금까지 TV가 깨끗하게 보이는 거리는 화면 높이의 3배 정도라고 했습니다. 구체적으로는 32인치라면 약 9.9평방미터(3평 정도), 42인치라면 약 13.2평방미터(4평 정도) 정도가 적당하다고 합니다.

이런 계산이라면 50~100인치에 상당하는 4K나 8K는 약 19.8평방미터(6평 정도)를 넘는 큰 방이 아니면 보기가 어렵습니다. 그렇지만 4K나 8K는 1인치당 화소수도 높아지기 때문에 화면 높이의 1.5배 정도 거리에서도 선명한 화상을 즐길 수 있다고 합니다.

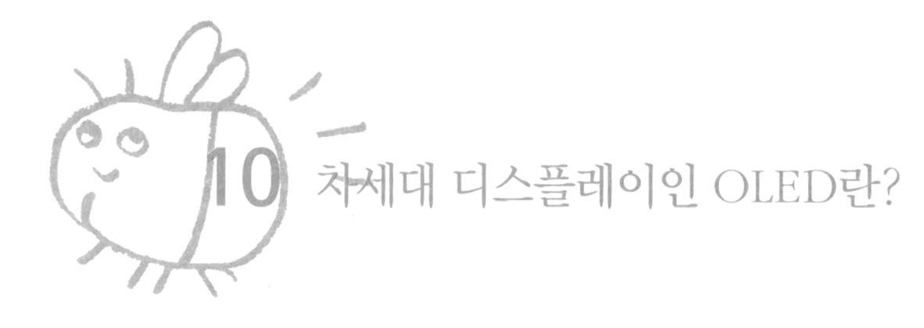

# 10 차세대 디스플레이인 OLED란?

스마트폰에서 사용할 수 있게 된 OLED 디스플레이는 디스플레이 자체가 발광하기 때문에 구부릴 수 있을 정도로 얇게 만들 수 있습니다. 어떤 구조로 되어 있을까요?

## EL과 OLED

EL이란 '일렉트로 루미네센스(Electroluminescence, 전기 발광)'를 말하는 것으로, 전압을 넣으면 발광하는 현상을 말합니다. 다시 말해 전기 에너지를 빛 에너지로 전환하는 것입니다. LED(발광 다이오드)가 빛을 발하는 구조도 마찬가지로 일렉트로 루미네센스입니다. OLED(유기 발광 다이오드)는 발광체 자체에 유기화합물을 이용한 것입니다.

## 발광 원리는 반딧불이와 같다

반딧불이가 발광한다는 것은 유명한 사실입니다. 반딧불이는 전기가 없는데도 발광을 합니다. 이는 효소가 작용하고 있다는 점과 관련이 있습니다.

'루시페린'이라는 단백질을 '루시페라제'라는 효소로 분해하여 '산화 루시페린'이라는 물질을 생성합니다. 이것이 원래대로 돌아갈 때 황록색의 빛을 발하는 것입니다.

이때의 에너지원은 전기가 아니라 ATP(아데노신 삼인산, Adenosine triphosphate)라는 물질입니다. ATP는 인산이 3개 결합한(이 인산끼리의 결합을 '고에너지 인산 결합'이라고 합니다) 것인데 이 결합을 끊어버리면 에너지가 발생합니다.

OLED는 전류로 인해 들뜨게 된 유기화합물(발광층)이 '들뜬 상태(excited state)'에서 본래의 '기저 상태(ground state)'로 돌아갈 때에 방출되는 에너지로 발광합니다. 방출한 에너지가 빛 에너지로 나오는 것입니다. 다시 말해 OLED는 인간이 만들어낸 '반딧불이'라고 할 수 있습니다.

## 디스플레이로서의 OLED

액정 디스플레이는 백라이트가 필요해서 얇게 만드는 데에 한계가 있습니다. 그런데 OLED는 스스로 빛을 발하기 때문에 액정 디스플레이와 같은 백라이트의 스페이스가 불필요합니다. 원하는 대로 얇게 만들 수 있는 이점을 살려서 다양한 곳에 응용할 수 있다는 점이 기대됩니다.

EL은 스스로 빛을 발합니다. 그래서 액정과 달리 옆에서 봐도 화상이 선명하게 보이고 발광을 멈추면 선명한 검정색도 표현할 수 있습니다. 사용하지 않는 빛을 발하지 않기 때문에 소비전력을 낮출 수 있으며 얇게 만들 수도 있어서 스마트폰에 응용하려는 노력이 진행되고 있습니다.

매우 얇고 단순한 구조여서 플라스틱 기반을 사용하면 구부릴 수도 있습니다. TV를 돌돌 말아두었다가 보고 싶을 때 펼쳐보거나 화면을 곡면으로 만드는 등, 지금까지 보아왔던 TV와는 크게 다른 방식으로 만든 TV를 만나게 될지도 모릅니다.

작은 고글 형태로 개발할 수도 있을 것입니다. OLED는 디스플레이로 눈앞을 덮듯이 화면을 보여줘서 시선의 연장선상에 마치 커다란 화면이 있는 것처럼 볼 수 있습니다. 고글의 연장선상에 거대한 세계가 펼쳐져 마치 1인용 영화관과 같은 이미지를 느낄 수 있을 것입니다.

### 광원으로서의 OLED

OLED 조명은 전구나 형광등, LED 조명에 비해 광도가 낮은 반면, 큰 면적의 발광면을 쉽게 만들 수 있다는 특징이 있습니다. 천정이나 벽면 전체를 비추는 조명이나 곡면을 보유한 조명, 여러 가지 형태의 조명 패널을 자유롭게 만들 수 있습니다. 그림자가 생기지 않는 조명 등 새로운 조명 디자인이 기대됩니다.

또 발광 효율(전력당 광량)을 높임으로써 에너지 절약과 폐열(廢熱) 감축으로 이어지기를 기대해 볼 수 있습니다.

### OLED의 과제

발광층이 유기화합물이기 때문에 투과효소로 인한 열화(劣化), 전기로 인한 열화를 받아서 광도가 저하하는 문제가 있습니다.

현재 수명은 스마트폰 등 비교적 단기간에 갱신되는 제품에는 충분하지만 본격적인 실용화를 위해서는 그 수명을 늘리는 것이 커다란 과제로 남아 있습니다. OLED의 수명은 액정의 반 정도라고 합니다.

# 11 누전으로 인한 감전을 조심하려면?

콘센트 구멍의 길이를 찬찬히 들여다본 적이 있나요? 잘 살펴보면 좌우의 길이가 다릅니다. 여기에는 누전, 감전, 접지 등이 관련되어 있습니다.

### 누전과 감전이란?

전기가 새는 것을 '누전'이라고 합니다.

누전으로 인해 전류가 사람의 몸 안을 관통해 땅으로 흐르는 것을 '감전'이라고 합니다.

집안의 배선이나 전기 기구는 전기가 새지 않도록 절연되어 있습니다. 하지만 오랫동안 사용하여 코드나 플러그 등이 상하거나 물이 들어가거나 하면 누전이 발생하기 쉽습니다.

만에 하나 누전이 발생하면 엄청난 전류가 흘러서 발열하거나 불꽃이 튀어 화재의 원인이 됩니다. 또한 누전은 감전 사고의 원인이 되기도 합니다.

세탁기 등 물을 사용하는 전기 기구의 누전에 의한 감전을 막기 위해서 접지(전기 기기에서 전기를 땅으로 보내는 안전장치입니다)를 연결해 전기를 땅으로 흘려보낼 필요가 있습니다.

일반적으로 가정에 배전되는 100볼트(우리나라는 전압이 220볼트인 전기를 사용하고 있지만 일본은 100볼트 전기를 사용합니다. 콘센트의 구멍도 우리나라는 두 개의 둥근 모양이지만 일본은 11자 모양입니다 - 옮긴이) 전압의 경우, 몸으로 흐르는 전류는 작아서 생명에 직결되는 경우는 거의 없습니다.

하지만 물을 많이 사용하는 곳에서는 몸이 물에 젖어서 사람의 전기 저항이 낮아지면서 전류가 흐르기 쉬운 상태가 됩니다.

만약 몸에 100~300밀리암페어의 전류가 흐르면 심장이 불규칙적으로 뛰어 몇 분만 지나도 사망에 이를 수 있습니다. 그렇기 때문에 물을 자주 사용하는 곳에서는 접지를 해놓아야 합니다.

전류의 크기와 전류가 인체에 미치는 영향

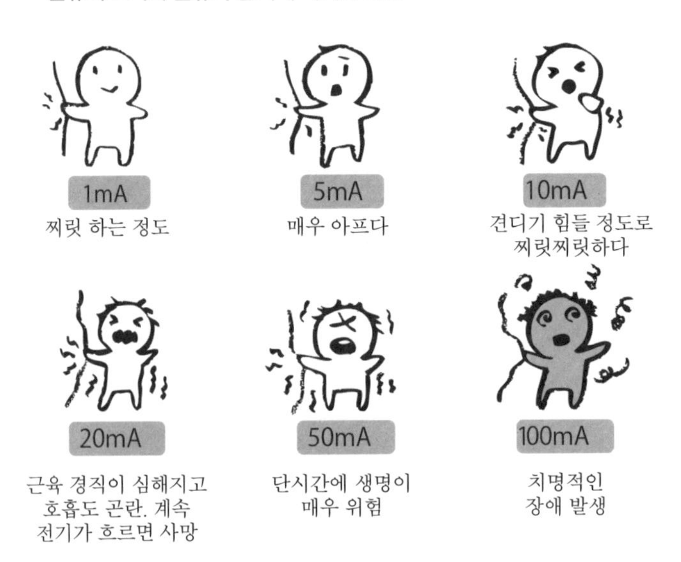


접지를 하지 않은 경우, 누전되었을 때 전기 기구를 만지면 인체를 통과해 바닥 등에 전류가 흐르기도 합니다.

접지를 연결함으로써 전류는 인체보다 훨씬 전류가 흐르기 쉬운 접지선을 통과해 땅으로 흘러가기 때문에 사람은 안전해지는 것입니다.

접지를 연결해 두면 누전이 발생하더라도 안전

### 콘센트 구멍의 길이가 다른 이유

구멍이 2개 있는 콘센트는 구멍이 긴 쪽이 땅에 접지되어 있습니다. 그 구별을 구멍의 길이로 표시해 둔 것입니다.

콘센트는 2개의 전선이 따로 연결되어 있습니다. 구멍이 긴 쪽의 콘센트를 접지측이라고 하고 구멍이 짧은 쪽을 비접지측(전압측)이라고 합니다. 감전되는 것은 이 전압측을 만졌을 때입니다.

전압측을 만지면 감전된다

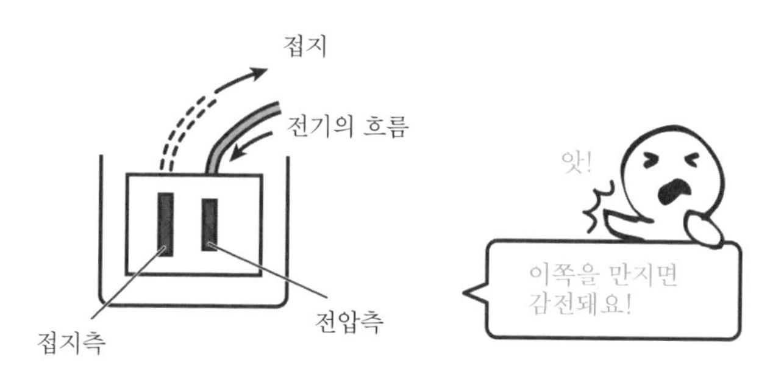

가정에는 전압이 100볼트인 전기가 2개의 전선에서 전기 계량기와 전기 차단기를 타고 공급됩니다.

전압은 두 점 간의 전위차(電位差, 전압은 전기를 흐르게 하는 힘이며 가설된 전압에 따라 흐르는 전기의 양을 전류라고 합니다. 전기는 플러스에서 마이너스로 흐르는데 이 차이가 '전위차'입니다. 이 전위차가 어느 정도인지에 따라 전압의 값이 결정됩니다)를 말하는데 땅의 전위는 0입니다.

접지측을 손으로 만져도 발이 0볼트, 손도 0볼트로 전류가 흐르지 않기 때문에 아무런 느낌이 없습니다.

그러나 전압측을 손으로 만지면 손은 100볼트, 발은 0볼트여서 콘센트 → 인체 → 땅 → 접지 → 트랜스 → 콘센트로 한 바퀴 도는 회로가 생겨서 몸에 전류가 흐릅니다.

전압측을 직접 만지지 않아도 전압측이 연결되어 있는 금속 부분이 있으면 그것을 만지기만 해도 마찬가지로 전류가 흐릅니다.

그 금속 부분이 이미 도선으로 접지 연결이 되어 있다면 전류는 대부분 그곳으로 흘러 사람이 만져도 전류는 거의 0이기 때문에 아무런 느낌이 없을 것입니다.

### 접지 연결 방법

누전이나 감전을 막기 위해서 냉장고나 전자레인지, 세탁기나 비데 등 물을 사용하는 가전제품, 습기나 수분이 있는 곳에서 사용하는 가전제품, 또한 사용 전압이 높은 기구 등은 반드시 접지선을 연결할 필요가 있습니다.

방법은 간단합니다. 콘센트에 접지 단자가 있으면 그곳에 연결하기만 하면 됩니다. 만약 접지 단자가 없을 경우에는 접지 설치 공사가 필요합니다. 접지 설치 공사는 법률에 따라 전기공사 관련 자격증을 가진 사람만이 할 수 있습니다.

한편 가스관에는 절대로 접지를 연결해서는 안 됩니다. 인화 · 발화의 우려가 있어서 위험하기 때문입니다.

2장

# '요리, 청소, 빨래'에서 만나는 과학

## 12 왜 고기를 숯불에 구우면 더 맛있을까?

닭꼬치는 적외선으로 구우면 더 맛있어지고 다양한 돌에서 구우면 적외선이나 원적외선이 나와 건강에도 좋다고 합니다. 실내 난방기도 적외선으로 따뜻하게 하는 경우가 많습니다. 적외선은 어떠한 기능을 하고 있을까요?

### 빛의 파장과 에너지

전등 스위치를 눌러 불을 켜면 방이 환해지죠. 백열전등이나 소형 전구는 밝기는 하지만 만져보면 열이 나서 뜨겁습니다. 이는 뜨거워진 필라멘트에서 빛이 나오기 때문입니다.

한편 코타츠(숯불이나 전기 등의 열원 위에 틀을 놓고 그 위로 이불을 덮는 일본식 난방 기구 - 옮긴이)를 켜면 약하게 불그스름한 빛을 띠는 경우가 많지만 그 밝기 이상으로 따뜻하게 만들어줍니다. 또한 숯불은 희미한 밝기의 빛이지만 숯불구이를 할 때에는 최적의 화력을 만들어줍니다. 이처럼 뜨거워진 물체에서 나오는 빛이나 열을 일상에서 별 생각 없이 사용하고 있는데, 가열하는 방법에 따라 빛이나 열을 내는 방법이 달라집니다.

일반적으로 물체는 가열을 하면 그 온도에 따라 빛을 냅니다. 이러한 현상을 '복사(輻射)'라고 합니다. '빛'에는 눈에 보이는 이른바 가시광(可視光)만 있는 것이 아니라 눈에 보이지 않는 적외선이나 자외선도 있습니다.

빛은 전자파의 일종으로 물결과 같은 성질을 가지고 있습니다. 빛

에너지는 물결의 길이, 즉 파장에 따라 결정되며 파장이 길수록 에너지는 줄어듭니다. 빛 가운데에서 인간의 눈으로 볼 수 있는 가시광은 파장이 약 0.4마이크로미터인 보라색에서부터 약 0.8마이크로미터인 빨간색까지의 빛을 말합니다(마이크로미터는 1미터의 100분의 1을 말합니다).

보라색에서 파란색, 녹색, 노란색, 빨간색으로 변함에 따라 파장이 길어서 에너지는 줄어듭니다. 자외선은 보라색보다 파장이 짧고, 적외선은 빨간색보다 파장이 길기 때문에 눈으로 볼 수 없습니다. 적외선은 이름 그대로 '빨간색의 바깥'에 있기 때문에 붙여진 이름입니다.

### 적외선이란?

적외선은 물체를 따뜻하게 데우는 성질이 있어서 '열선(熱線)'이라고도 부릅니다. 사실 우리 주변의 물체는 그 온도에 따라 적외선을 내고 있습니다. 물론 우리 몸에서도 적외선이 나옵니다.

적외선은 물체에 흡수되기 쉬운 성질이 있습니다. 흡수된 적외선은 열로 변환되어 물체를 따뜻하게 데웁니다. 그러므로 적외선을 내는 물체는 따뜻하게 느껴지는 것입니다. 또한 물체에 흡수되었을 때 수백 도 정도로 가열되기 때문에 무리 없이 가열할 수가 있어서 조리에도 활용되고 있습니다.

### 가스불보다 숯불

닭꼬치는 가스불로 가열하는 것보다 숯불로 가열하는 것이 더 맛있다고 합니다. 왜 그런 것일까요?

가스불은 도시가스(메탄)나 프로판가스를 태워서 가열하는데, 태울 때에 이산화탄소와 물이 발생합니다. 불이 탈 때의 물은 수증기 상태이지만 식으면 액체인 물로 변해 닭꼬치가 싱거워져 맛이 없어집니다.

그러나 숯불은 주로 고온이 된 숯에서 나오는 적외선으로 가열하기 때문에 수분이 생기지 않습니다. 표면이 바삭하게 익으면서 안에 있는 육즙을 잡아주어 좋은 맛을 그대로 담아둘 수 있습니다.

가스불에서도 적외선이 발생합니다만 숯불에서는 가스불의 약 4배나 되는 적외선이 발생합니다.

### 원적외선이란?

원적외선은 적외선 중에서도 파장이 4마이크로미터 이상인 것으로, 적외선보다 파장이 더 길고 에너지가 낮은 빛입니다. 시중에는 원적외선의 효능을 앞세운 광물 등이 판매되고 있는데, 결국 '그 온도에 따른' 파장의 빛을 내고 있는 것일 뿐, 원적외선과 관련한 효과는 같은 온도의 돌멩이와 크게 차이가 없습니다.

### 램프 히터는 왜 붉은 빛일까?

기존의 적외선 램프 히터는 주로 적외선 영역의 빛을 발하기 때문에 어둡고 따뜻해지는 데에 시간이 걸려서 제대로 작동하고 있는지 알 수가 없었습니다.

그래서 히터를 켜면 동시에 붉은 램프가 들어와 가동 중이라는 것을 알 수 있도록 새롭게 만들어졌습니다. 켜놓은 채 끄는 것을 잊어버리는 일이 없도록 하는 역할도 해주므로 안전 면에서도 긍정적이었기에 그대로 정착되었다고 합니다. 이 붉은색은 그저 램프의 색이며 적외선에서 나오는 빛의 색은 아닌 것입니다.

# 13 전자레인지는 어떻게 음식물을 데우는 거지?

전자레인지는 불을 사용하지 않고 식품을 데울 수 있어서 발매 당시에는 '꿈의 조리기'라고 불렸습니다. 매일 자주 사용하는 전자레인지의 구조를 살펴볼까요?

**전자레인지의 구조는?**

전자레인지는 전파를 보내 식품을 데워줍니다. 어떻게 전파로 식품을 데울 수 있는 것일까요? 그 열쇠는 식품 속에 있는 '수분'에 있습니다.

대부분의 식품 속에는 많든 적든 수분이 들어 있습니다. 이 수분은 각각의 분자로 보면, 분자 안에 플러스(+)와 마이너스(-) 전기의 편향이 있습니다.

전파를 쏘면 이 플러스와 마이너스 전기가 반응한 결과, 수분의 온도가 상승하여 수분 이외의 주변에도 열이 전달되어 음식물을 데워주는 것입니다.

물질에는 그것을 구성하는 원자 · 분자가 있으며 이들은 운동 · 진동 · 회전 등을 하고 있습니다. '뜨겁다'는 것은 이들의 운동이 격렬하게 이루어지고 있음을 의미합니다. 이를 '열운동'이라고 합니다.

식품 등을 뜨겁게 하려면 그 식품의 분자를 격렬하게 진동시켜 주면 된다는 것입니다. 이러한 원리로 전자레인지가 작동을 합니다.

전자레인지의 구조

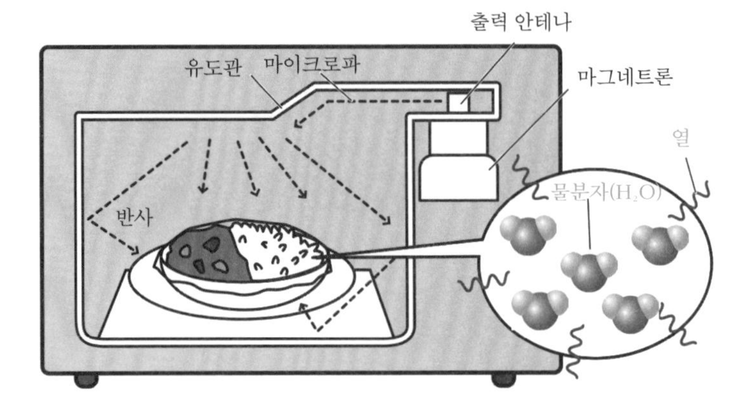


## 초당 24억 5,000만 번의 진동

전자레인지의 전파(마이크로파)를 내보내는 장치를 '마그네트론'이라고 합니다. 발생하는 주파수(진동수)는 2.45기가헤르츠로, 수분이 진동하기 쉬운 주파수로 맞춰져 있습니다. 이 마이크로파에 의해 1초 동안 24억 5,000만 번이나 진동이 일어납니다. 그래서 수분을 함유한 식품의 온도가 상승합니다.

참고로 수분을 함유하지 않은 빈 도기 그릇이나 빈 유리컵 등을 전자레인지에 넣고 돌리면 전혀 따뜻해지지 않습니다. 도기나 유리 등의 분자는 물분자처럼 플러스 · 마이너스가 없기 때문에 마이크로파에 반응하지 않아 열운동이 일어나지 않기 때문입니다. 또한 수분이 없는, 건조한 음식물도 데울 수 없습니다.

또 전자레인지에 얼음을 넣고 돌려도 생각했던 것만큼 온도가 올라가지 않아 잘 녹지 않습니다. 얼음은 고체이기 때문에 물분자끼리 강하게 결합되어 있습니다. 이로 인해 마이크로파에 의한 진동이 둔해지기 때문입니다.

### 제대로 된 사용법과 주의점

전자레인지를 이용해 수분을 가열함으로써 그 주위까지 가열을 해서 간단하게 살균 작업도 할 수 있습니다.

가정에서 요구르트 등을 만들 때, 용기의 살균을 제대로 하지 않으면 잡균이 번식하여 실패하는 경우가 있습니다. 요구르트를 만들 용기에 물을 조금 넣어 전자레인지로 가열해서 살균해 보세요. 수세미나 도마도 물을 조금 묻혀 전자레인지에 돌리면 살균이 가능합니다.

### 가열하면 안 되는 것

날계란은 전자레인지로 가열해서는 안 됩니다. 마이크로파는 계란의 내부까지 침투해 노른자에 있는 수분을 데웁니다. 그러나 노른자 주변에는 흰자와 껍질이 있어서 내부에서 온도가 올라가 수증기가 된 수분은 빠져나갈 곳이 없습니다. 그로 인해 내부의 압력이 높아져 폭발을 하기도 합니다.

드라이아이스도 폭발합니다. 드라이아이스는 이산화탄소로 만들어졌으며 이산화탄소는 분자에 플러스와 마이너스의 전기적인 편향이 없습니다. 따라서 보통은 전자레인지로 데워지지 않습니다. 그러나 저온인 드라이아이스에는 수분 등이 내부나 표면에 부착되어 있기도 합니다. 전자레인지로 데우면 이 수분이 녹아 고온이 되어 드라이아이스가 기화합니다. 이로 인해 폭발이 일어나는 것입니다.

또한 금속은 발화 우려가 있으므로 전자레인지 안에 넣어서는 안 됩니다.

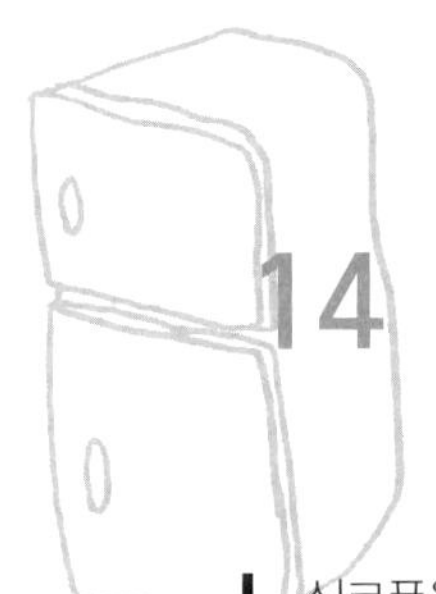

# 14 냉장고는 어떻게 찬 공기를 만들까?

> 식료품을 오랫동안 보존하는 데에 빠질 수 없는 것이 냉장고입니다. 한편 냉장고 주변에는 열이 조금 감지됩니다. 어떠한 구조로 냉장고 안을 차갑게 만들까요?

### 옛날 얼음 냉장고

1930년 처음으로 전기냉장고가 발매되었고, 당시에는 '냉장기'라고 불렸습니다. 가격은 작은 규모의 집을 하나 지을 수 있을 정도의 고가였습니다. 그 당시까지 냉장고라고 하면 커다란 얼음 덩어리를 넣어 보냉하는 '얼음 냉장고'였으며, 얼음은 매일 얼음 가게에 가서 구입해야 했습니다. 그래서 여름 한창 더울 때에 일부 가정에서만 이용할 수 있었습니다.

현재 냉장고는 잘 알다시피 얼음을 넣지 않아도 차가워집니다. 게다가 얼음을 만들 수 있기까지 합니다. 그럼 어떠한 구조로 냉장고는 차가워지는 걸까요?

### 온도를 낮추기 위해 액체를 기화시킨다

예방주사를 맞기 전에 알코올로 소독을 하면 피부가 쏴 하면서 시원해지는 것을 느낄 수 있습니다. 액체인 알코올이 피부에서 발열하여 기체로 공기 중으로 날아갈 때에 주변의 열을 빼앗기 때문입니다. 여름에 물을 뿌리면 기온이 내려가는 것도 이와 마찬가지의 현상입니다.

이처럼 액체에서 기체가 될 때에 열(기화열)을 빼앗아 주변을 차갑게 만들고, 반대로 기체에서 액체로 될 때에는 주변에 열을 발하여 주위를 따뜻하게 하는 현상을 냉장고에 이용하고 있는 것입니다.

그리고 단열압축이나 단열팽창이라는 현상도 활용하고 있습니다. 기체를 압축하면 온도가 올라가고 팽창시키면 온도가 내려가는 현상입니다.

### 열을 운반하는 냉매

그럼 실제 냉장고를 살펴봅시다. 냉장고 안에는 냉매가 들어 있는 파이프가 장착되어 있어서 냉장고 안팎으로 순환하고 있습니다. 냉매란 열을 운반하는 역할을 하는 물질로, 상온에서는 기체(가스)이지만 압력을 가하면 액체가 됩니다. 이 액체가 기화할 때 주변의 열을 빼앗음으로써 온도를 조정합니다.

액체 냉매가 냉장고 속 열을 빼앗아 기체로 변합니다. 이때 냉장고 안은 시원해집니다. 그리고 기체 냉매는 파이프 중간에 있는 압축기로 모여 압축되면서 액체로 변합니다. 이때 냉매의 온도가 올라가 주변에 열을 내보냅니다. 이 사이클을 반복하면서 냉장고 안의 온도는 내려가고 냉장고 밖으로 열을 발산하는 것입니다.

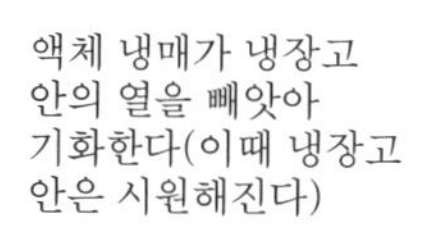


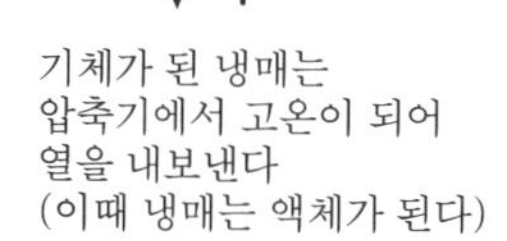


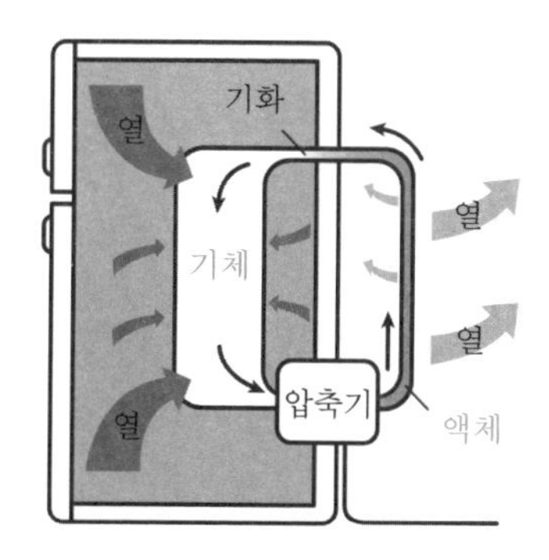

### 프레온의 퇴장과 프레온 없는 냉장고

지금까지 냉장고에는 냉매로 '프레온'이 사용되었습니다. 프레온은 잘 타지 않는다, 변화하지 않는다, 쉽게 액화할 수 있다, 독성이 낮다 등의 특징이 있습니다.

프레온은 전자제품의 세정이나 금속부품 등의 세정제, 스프레이 가스 등 폭넓게 사용되었습니다.

그러나 대기 중에 방출되면 성층권까지 상승해 자외선에 의해 분해되면서 오존과 반응하여 오존층을 파괴한다는 주장이 있어 프레온의 사용이 엄격하게 규제되었습니다(우리나라에서는 2010년부터 프레온의 생산 및 사용이 전면 금지되었습니다 - 옮긴이).

그래서 오존층을 파괴하지 않는 대체 프레온이 개발되었습니다. 그런데 대체 프레온은 지구 온난화의 주요 원인이 되는 이산화탄소보다 수백에서 수만 배나 되는 온실 효과를 낳습니다.

이러한 점으로 인해 최근 발매되고 있는 가정용 냉장고 대부분은 오존층을 파괴하지 않고 온실 효과가 이산화탄소와 거의 같은 성질을 가진 '이소부탄'이라는 냉매를 사용하고 있습니다. 또한 냉장고 안의 냉매를 보호하기 위해 사용되는 단열재의 소재(단열재 발포제)도 '싱크로펜탄'이라는, 프레온이 없는 소재가 사용되고 있습니다. 이것이 현재 나오고 있는 '논프레온 냉장고'입니다.

# 15 눌러붙지 않는 프라이팬의 원리는?

최근 프라이팬은 눌러붙지 않아서 사용하기가 매우 편리한 제품이 많이 출시되고 있습니다. 그 중에서도 유명한 것은 플루오린 가공을 한 것입니다. 왜 눌러붙지 않는 것일까요?

### 애초에 왜 눌러붙는 것일까요?

프라이팬은 바닥이 잘 건조되어 있는 것처럼 보이지만 사실은 표면에 아주 극소량의 수분이 남아 있습니다. 이것을 '흡착수'라고 합니다.

프라이팬에 식품을 올리면 흡착수가 식품 속의 수분과 접촉합니다. 그러면 식품 속의 수분에 달라붙어 있던 단백질이나 당이 프라이팬의 흡착수와 서로 엉겨붙습니다. 이 상태에서 가열을 계속하면 흡착수에 붙어 있던 단백질이나 당이 굳어버립니다. 이것이 프라이팬에 음식이 눌러붙는 원인입니다. 따라서 프라이팬의 흡착수와 식품이 서로 닿지 않도록 가공을 하면 식품이 눌러붙지 않게 될 것입니다.

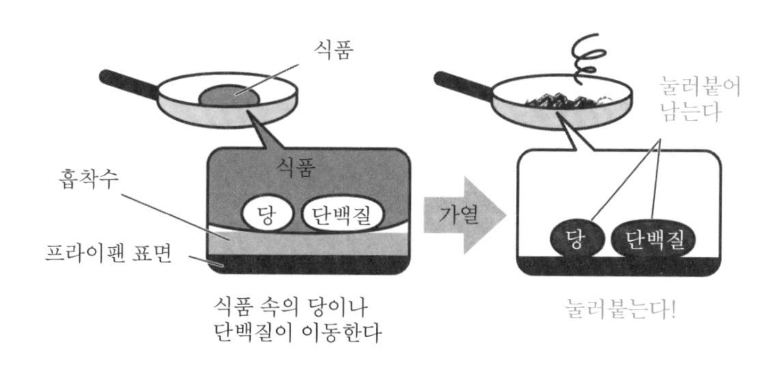

참고로 일반 프라이팬은 기름을 두른 다음에 가열을 합니다만 이 프라이팬은 식품 속의 수분과 흡착수 사이에 기름 층을 만들어 이 둘이 서로 접촉하는 것을 방지합니다.

### 플루오로수지란?

플루오린(불소) 가공에 사용되는 소재는 '플루오로수지(불소수지)'라는 것입니다. 플루오로수지라고 하면 세계에서 최초로 개발된 케마즈사(예전의 듀퐁사)의 '테프론'이 유명한데, 이 밖에도 많은 종류가 있습니다. 모두 탄소 원자가 많이 연결된 사슬에 플루오린 원자가 포도송이처럼 이어져 있습니다.

플루오린 가공을 한 프라이팬은 이 플루오로수지를 알루미늄이나 철로 만든 프라이팬 위에 코팅하거나 섞어넣기도 합니다.

플루오로수지의 특성으로는 거의 모든 화학약품에 안정적인 내약품성, 마찰이 잘 일어나지 않는 저마찰성, 물을 튕기는 발수성 등이 있습니다. 물을 튕기기 때문에 프라이팬 표면에서 흡착수가 없어짐과 동시에 식품과 프라이팬이 직접 닿을 일이 없습니다. 그래서 눌러붙는

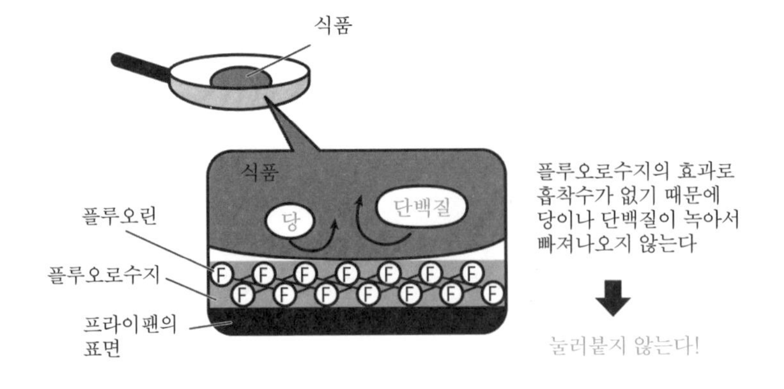

현상이 사라지는 것입니다.

플루오로수지는 그 다양한 성질을 이용하여 프라이팬뿐 아니라 냄비나 전기밥솥, 전기 포트, 핫플레이트, 전기 케이블의 피막, 우산, 의복 등 다양한 제품에 활용되고 있습니다.

### 안전하게 오랫동안 사용할 수 있는 법

플루오린 가공된 프라이팬은 사용할 때 세 가지 사항을 주의할 필요가 있습니다.

첫째, 빈 프라이팬을 불에 올리지 말아야 합니다. 둘째, 뜨거운 프라이팬을 갑자기 식히지 말아야 합니다. 셋째, 끝이 뾰족한 주방 도구를 사용하지 말아야 합니다.

아무 것도 없는 프라이팬을 불에 올리면 가공에 사용된 플루오로수지가 분해되면서 가스가 발생하거나 수지가 녹아버릴 우려가 있습니다.

또한 갑자기 프라이팬을 식히거나 끝이 뾰족한 도구를 사용하면 표면에 금이 가거나 긁혀서 플루오로수지가 벗겨져 버립니다.

걱정되는 것은 이러한 플루오로수지의 조각이나 가스가 인체에 해가 되지는 않을까 하는 점입니다.

플루오로수지는 쉽게 반응하지 않는 물질이고 체내에서 분해도 흡수도 되지 않습니다. 그래서 입에 들어가더라도 그대로 배출됩니다.

가스는 대량으로 흡입하면 유해하며 인플루엔자와 비슷한 증상을 일으킨다고 알려져 있습니다. 다만 260℃ 이하에서 사용하면 가스 그 자체가 발생하지 않으므로 빈 프라이팬을 그대로 불에 올리는 실수를 하지 않는다면 문제는 없을 것입니다.

# 16 압력솥은 어떻게 그리 단시간에 맛있게 조리할 수 있을까?

단시간에 맛있게 조리할 수 있는 압력밥솥이나 압력냄비는 주방에서 없어서는 안 될 존재가 되었습니다. 압력을 가해 조리를 하는 구조를 살펴봅시다.

### 어떻게 끓어오르는 걸까?

압력솥이 위력을 발휘하는 것은 조림을 할 때나 밥을 지을 때 등 물을 끓일 수 있는 조리를 할 때입니다. 여기서 압력솥에 관한 설명을 하기 전에 '끓어오르는' 구조에 대해 설명하고자 합니다.

물분자는 수소원자 2개와 산소원자 1개가 결합해 구성됩니다.

물을 데우면 이 물분자의 운동이 격렬해집니다. 액체였던 물분자는 점차 기체인 수증기로 변해 물속에서 튀어오릅니다.

이처럼 액체가 기체로 되는 현상을 '기화'라고 하고 튀어오른 물분자가 부딪친 솥의 뚜껑이나 벽이 받는 압력을 '증기압'이라고 합니다.

온도에 따라 물분자 운동의 활발함 정도가 다르기 때문에 튀어오를 수 있는 물분자의 수도 변합니다. 다시 말해 증기압의 수치도 변합니다. 이렇게 온도에 따라 결정되는 증기압의 최대치를 '포화 증기압'이라고 합니다. 포화 증기압이 대기압과 같아졌을 때 끓어오르기 시작합니다.

물이 끓기 시작하면 물속에서 많은 공기방울이 일어납니다. 이 공기방울의 정체는 수증기입니다. '수증기'라는 기체는 투명해서 눈에 보이지 않습니다. 끓어오를 때 나오는 하얀 김은 수증기가 주위 공기로 인해 식은 것으로 물로 돌아간 액체 상태인 것입니다.

물이 끓는다는 것은 물 표면의 증기 이외에 물 내부에서도 수증기가 공기방울이 되어 나오는 현상을 말합니다. 이때 물의 내부에는 대기압과 같은 크기의 압력이 가해지고 있습니다. 이처럼 물의 끓는점은 대기압에 따라 변합니다. 예를 들면 기압이 낮은 산정상에서는 약 88℃에서 물이 끓습니다. 물을 압박하는 압력이 낮은 곳에서 물은 낮은 온도에서 끓습니다.

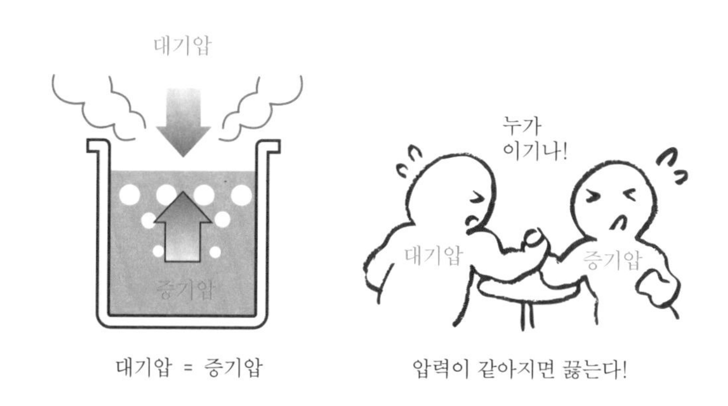


대기압 = 증기압　　　압력이 같아지면 끓는다!

### 압력솥은 어떻게 효과를 발휘할까?

일반적인 솥의 뚜껑은 열과 수분을 빼앗기지 않게 하고 먼지가 들어가는 것도 방지하는 역할을 합니다. 다만 솥과 뚜껑의 틈새나 구멍을 통해 수증기가 빠져나와 버리지요.

이에 반해 압력솥의 뚜껑은 수증기가 빠져나가지 못하게 완전히 잡아둡니다. 증기가 밖으로 나가지 못해 솥 안에서 점점 압력이 증가합니다. 다시 말해 수증기를 잡아두는 이 뚜껑이 커다란 역할을 하고 있는 것입니다.

뚜껑으로 밀폐된 압력솥에서 물을 가열하면 물은 100℃가 되어도 끓지 않습니다. 100℃가 넘는 높은 온도에서 끓어오릅니다.

온도가 높을수록 물분자 운동은 더욱 활발해집니다. 그렇기 때문에 보통 압력에서 물이 끓는 100℃보다 높은 압력에서 끓을 수 있게 되는 것입니다.

압력솥의 특징은 솥 안의 압력을 높임으로써 고온 · 고압에서 조리를 할 수 있다는 점에 있습니다. 통상 대기압(1기압)의 약 1.5배의 압력(1.5기압)을 가해 120℃ 전후에서 끓게 하는 상품이 많습니다.

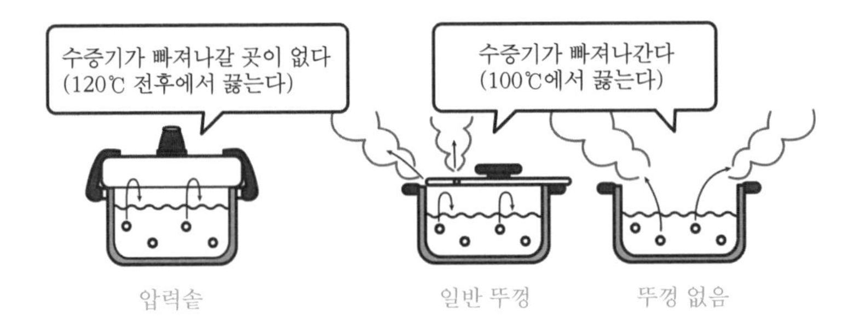


**압력솥에 적합한 요리는?**

보통 100℃에서 조리하는 것을 약 120℃에서 조리하면 어떠한 장점이 있을까요?

고온 · 고압에서 요리를 하면 단시간에 구석구석 불이 전달됩니다. 특히 단단한 식재료나 조리에 시간이 걸리는 요리에 매우 효과적입니다. 증기가 쉽게 빠져나가지 못하기 때문에 적은 양의 물로 조리하는 것도 가능합니다. 또한 단시간에 조리가 가능하여 식재료 본연의 영양성분 유출이 적습니다. 물론 단시간에 조리함으로써 에너지 절약에도 효과적입니다.

압력솥에 적합한 요리로 카레나 스튜와 같이 푹 끓이는 요리는 물론, 쉽게 부드러워지지 않는 육류의 조리, 뿌리채소를 같이 요리하는 돼지고기 조림, 생선 무 조림 등을 들 수 있습니다. 그리고 밥을 맛있게 짓는 데에도 사용됩니다.

이처럼 압력솥은 끓이는 요리 전반에 활용할 수 있습니다.

한편 기체를 대량으로 발생시키는 식용 소다류나 튀김 요리는 지나치게 고온 · 고압이 되기 때문에 위험합니다. 부풀어오르거나 기포가 생기는 것(예를 들면 파스타 등의 면류), 가열하면 수축하는 조개류, 우엉조림처럼 씹는 맛을 즐겨야 하는 요리에도 사용하지 않는 편이 좋습니다.

압력솥에 적합한 요리

| 종류 | 예 |
|---|---|
| 육류를 사용하는 요리 | 돼지고기 조림, 차슈 |
| 뿌리채소를 사용하는 요리 | 돼지고기 된장국, 생선 무 조림 |
| 콩을 사용하는 요리 | 콩조림, 팥을 넣은 찰밥 |
| 국물 요리 | 스튜, 카레 |
| 기타 | 찐감자, 뼈째 먹는 생선 등 |

적합하지 않은 요리

| 종류 | 예 |
|---|---|
| 씹는 맛을 즐기는 요리 | 우엉조림, 잎채소 |
| 볶음 요리 | 볶음밥, 버터밥 |
| 면류 | 파스타 |
| 튀김 요리 | 각종 튀김 |

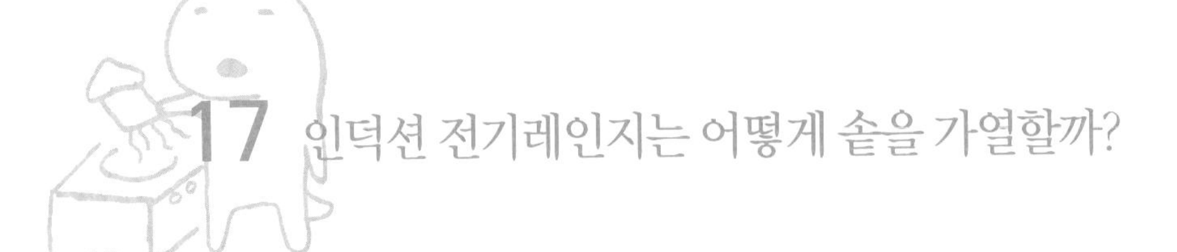

# 17 인덕션 전기레인지는 어떻게 솥을 가열할까?

불을 사용하지 않는 인덕션 전기레인지는 어르신이나 아이들이 있는 가정에서도 안심하고 사용할 수 있지요. 그 구조의 포인트는 '와전류'에 의한 발열입니다.

### 어떻게 가열하는가?

인덕션 전기레인지는 'IH 히터'라고도 하는데, IH는 'Induction Heating'의 약자로, '유도 가열'을 뜻합니다. 불이 없는데 솥을 가열할 수 있는 것은 솥이 발열하기 때문입니다. 발열은 솥의 바닥에 와전류(맴돌이 전류)가 흐름으로써 생깁니다.

사물은 전류가 흐르면 발열합니다. 예를 들어 전류가 흐르는 가정의 코드도 아주 조금 발열을 합니다. 전기제품의 경우는 더 많이 발열을 합니다. 전류가 흐르면 발열하는 이 열을 '줄 열'이라고 합니다.

그럼 인덕션 전기레인지에 솥을 올려놓는 것만으로 어떻게 솥의 바닥에 와전류가 흐르는 것일까요?

여기서 등장하는 것이 '전자기 유도'라는 현상입니다. 인덕션 전기레인지의 내부에는 굵은 철심이 둘러쳐진 코일이 들어가 있습니다. 철심으로 둘러쳐진 코일에 전류를 흘려보내는 것은 전자석입니다. 코일에 전류가 흐르면 전자석이 되어 그 주변에 자기가 작용하는 공간인 자기장이 생깁니다. 이때의 자기장은 매초 약 6만 번 강해졌다가 약해지는 변화를 일으킵니다. 변화하는 자기장 가까이에 금속판(솥 바닥)이 있으면 그곳에 와전류가 흐릅니다. 이러한 방식으로 발열하는 것입니다.

인덕션 전기레인지의 구조

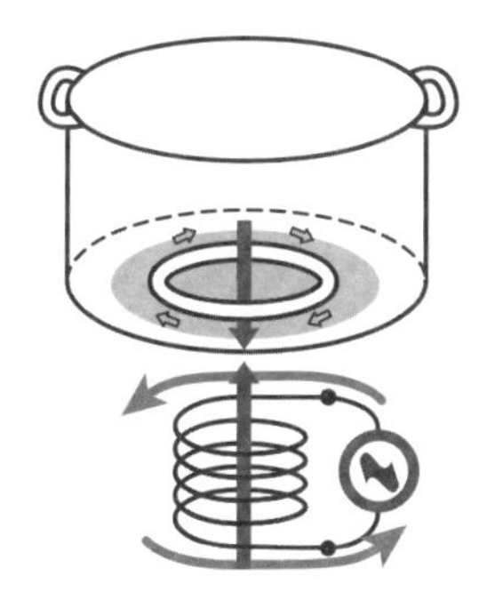

하부 코일의 전류가
위쪽의 솥 안으로
와전류를 흘려보낸다

오른쪽 아래의 물결
마크는 고주파 전류의
원을 표시한다

### 초당 6만 번의 진동을 일으킨다

이렇게 발생한 전자기 유도에 대해서 좀더 자세히 알아봅시다.

아래의 왼쪽 그림처럼 코일에 자석을 가져가면 전류가 발생합니다. 코일 안에서 자기장이 변화하기 때문입니다. 이 현상을 전자기 유도라고 하고 이때 흐르는 전류를 유도전류라고 합니다. 또한 아래의 오른쪽 그림처럼 자석 대신에 다른 코일에 외부전지로 전류를 흐르게 해도 같은 현상이 일어납니다.

전자기 유도의 원리

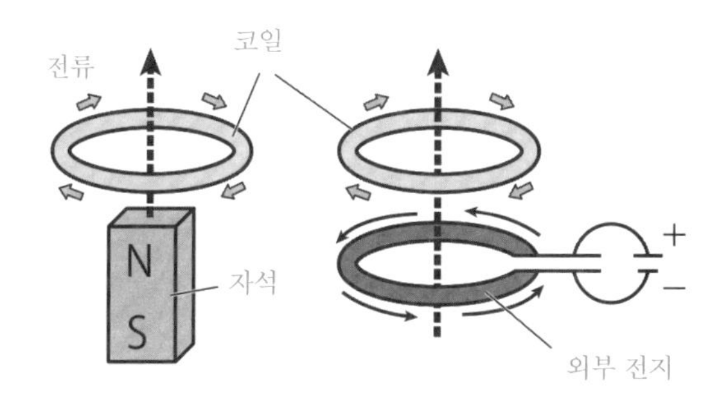

중요한 것은, 코일 주변에서 자기장의 크기나 방향이 '변화'하기 때문에 아무리 큰 자기장이라도 일정한 상태에서는 아무런 일도 일어나지 않는다는 점입니다.

인덕션 전기레인지에서는 매초 약 6만 번이나 진동하는 고주파를 사용하기 때문에 효율적으로 유도전류가 발생합니다. 그리고 자기장의 변화를 받아들이는 것이 금속판인 경우에는 소용돌이 상태의 전류, 즉 와전류를 만듭니다. 이것이 결과적으로 열로 변하는 것입니다.

## 열효율이 좋고 안전성이 높다

가스레인지에서 '불'을 사용해 조리하는 경우에는 공기를 통해 열을 솥에 전달합니다. 그 때문에 열이 쉽게 주변으로 빠져나갑니다.

가스레인지의 열효율은 약 40~50%로 절반 정도의 에너지밖에 전달되지 않습니다.

한편 인덕션 전기레인지는 열효율이 약 90%로 높다는 점이 특징입니다. 다만 열효율은 기계적인 구조와 관련된 실험실에서 얻은 수치로 실제 조리를 해보고 얻은 결과는 아닙니다. 또한 기온 · 온도 등의 조건에 따라 변화하기 때문에 숫자는 그냥 기준일 뿐입니다.

또 불꽃이 나오지 않기 때문에 기름 등에 불이 붙을 위험이 없어 안전성도 높습니다. 가스를 사용하지 않기 때문에 환기에 그다지 신경을 쓰지 않아도 됩니다. 물론 식재료 자체에서 방출되는 것(수증기, 기름, 탄산가스 등)이나 공기가 가열됨에 따라 발생하는 질소산화물이 있기 때문에 환기가 필요하기는 합니다.

다만 가열된 다음의 플레이트는 솥의 열로 뜨거워져 있으므로 주의가 필요합니다. 또한 사용하는 솥은 와전류를 쉽게 발생시키는 재질이어야 합니다. 솥을 구입할 때에 인덕션용인지 확실하게 확인을 하세요. 또한 금속 식기, 알루미늄 주걱, 반지 등도 가열되므로 히터 위에 올려놓지 않도록 하세요.

약불로 안전하게 장시간 사용하는 것은 인덕션 전기레인지의 장점입니다. 스튜를 푹 익혀 만들거나 국, 된장찌개를 끓이지 않고 따뜻하게 유지할 때에 유용합니다.

인덕션 전기레인지는 솥이나 프라이팬 등의 바닥에 직접 열을 전달하기 때문에 빠져나가는 열 없이 가열을 합니다. 불을 사용하지 않아 안전성도 높습니다.

---

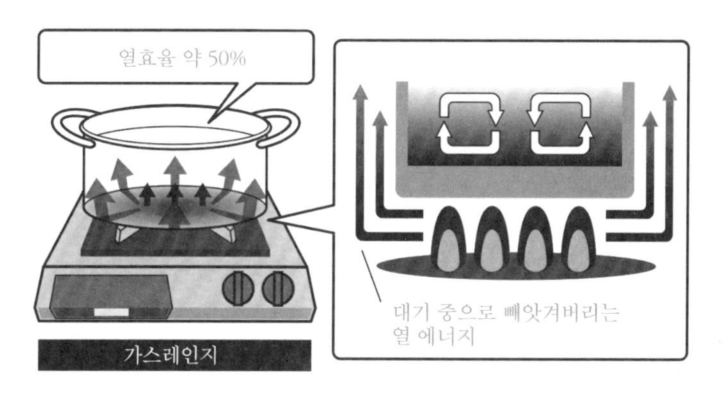


가스레인지는 열을 다양한 방향으로 빼앗기기 때문에 거의 절반 정도의 에너지만 솥으로 전달됩니다.

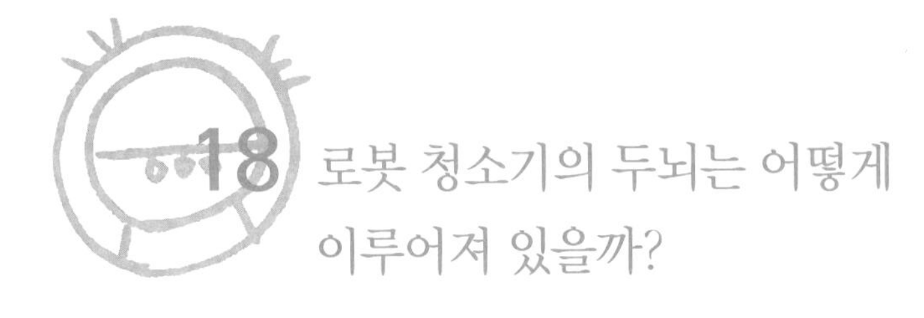

# 18 로봇 청소기의 두뇌는 어떻게 이루어져 있을까?

로봇 청소기는 장애물을 피하고 계단이 있어도 떨어지지 않고 돌아다니며 방안을 청소합니다. 청소를 마치면 지정된 장소로 돌아갑니다. 그 영리함의 비밀은 어디에 있을까요?

**로봇 청소기에는 두 가지 타입이 있다**

인공지능을 탑재한 로봇 청소기에는 크게 두 가지 타입이 있습니다.

첫 번째는 장애물을 만날 때마다 움직이는 것처럼 보이는 타입입니다. 이 타입은 장애물에 부딪칠 때마다 진로를 바꾸어 이동하는데, 사람이 깜깜한 곳에서 손으로 더듬으며 방의 상태를 파악하듯이 대략적으로 그 공간을 파악합니다.

언뜻 보아 불규칙적으로 움직이는 것처럼 보이지만 움직이면서 그 곳을 파악하고 같은 곳을 여러 차례 지나다니면서 빠진 곳이 없도록 움직입니다.

두 번째는 미리 방의 크기나 상태를 파악하여 '지도'를 만든 다음에 인공지능이 이동 경로를 생각해서 움직이는 타입입니다.

이 타입은 마치 의지를 가지고 있는 것처럼 직선으로 방을 이동하면서 효율적으로 청소를 합니다. 그렇기 때문에 이 타입의 청소기가 청소 시간이 짧습니다.

### 손으로 더듬듯이 장소를 파악하는 타입

현재 발매되고 있는 로봇 청소기 대부분은 손으로 더듬듯이 그 장소를 파악하는 타입입니다.

이 타입은 터치센서나 가까이에 장애물이 있다는 것을 감지하는 초음파 센서, 적외선 센서 등을 이용해서 벽이나 장애물에 다가가거나 부딪치면 방향을 바꾸어 방의 상태를 탐색합니다. 조건반사적으로 움직이는 것이 그 특징입니다.

그리고 거리 센서가 움직인 거리, 자이로 센서가 회전 각도를 감지함으로써 자신이 위치한 장소를 파악합니다. 또한 바퀴가 미끄러진 경우에는 가속도 센서가 이를 감지하고 주행 거리를 수정합니다.

손으로 더듬듯이 장소를 파악하면서, 예를 들어 의자 다리에 부딪쳤을 경우에는 의자 다리 주위를 돌아가는 등, 인공지능이 상황에 따라 판단하면서 청소를 하게 됩니다.

로봇 청소기에는 두 가지 타입이 있다

손으로 더듬듯이 대부분의 장소를 파악하는 타입

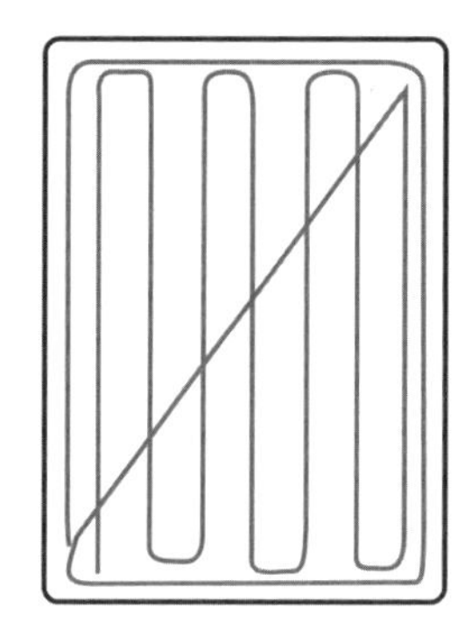

미리 지도를 만드는 타입

### 미리 지도를 만드는 타입

이 타입의 로봇 청소기에는 'SLAM'이라는 기술이 사용되었습니다. SLAM이란 '지도 만들기(Mapping)'와 '자신이 현재 위치한 공간 파악(Localization)'을 동시에 함으로써 인공지능이 스스로 움직임을 제어하는 기술입니다.구체적으로 말하면, 광학 카메라로 방의 천정이나 벽을 촬영하거나 레이저나 초음파, 적외선 등을 주위에 쏘아서 그 되돌아오는 상태에 따라 벽까지의 거리를 계측하기도 하면서 방 안의 지도를 만드는 것입니다. 그 지도를 바탕으로 인공지능이 효율적인 이동방법을 생각해서 움직이게 됩니다.

이 때문에 마치 생각을 가지고 있는 것처럼 방을 직선으로 움직이면서 청소를 합니다.

다만 지도는 아주 대략적인 지도이기에 의자 다리 등의 장애물에 부딪치기도 합니다. 그런 경우에는 손을 더듬듯이 공간을 파악하는 앞의 타입과 마찬가지로 의자 다리를 빙 돌아가는 등의 움직임을 보이기도 합니다.

다시 말해서 손으로 더듬듯이 그 공간을 파악하는 타입에 지도를 만드는 기능이 더해진 타입의 청소기라고 할 수 있습니다.

### 계단에서 떨어지지 않는 이유는?

그런데 로봇 청소기가 계단에서 떨어지지 않는 것은 왜일까요? 그 이유는 청소기 바닥에 아래쪽을 향해 부착된 적외선 센서에 답이 있습니다. 이 센서가 방바닥까지의 거리를 측정해 계단이나 현관 끝을 탐지하는 것입니다.

적외선 센서는 바닥의 울퉁불퉁한 부분도 탐지하기 때문에 마룻바닥과 카펫의 차이도 인식합니다. 카펫 위에 가면 자동으로 흡입력이 강력해지는 것은 적외선 센서 덕분입니다. 적외선 센서는 검정색(적외선을 흡수)이나 투명(적외선이 통과)한 것에 대해서는 거리를 정확하게 측정하지 못한다는 약점이 있습니다. 이 때문에 검정 벽이나 유리 등에 충돌하는 경우가 있습니다.

또한 쓰레기가 많은 곳에 가면 마치 쓰레기를 눈으로 발견이라도 한 듯이 흡입력을 강하게 높입니다. 그러나 로봇 청소기는 카메라 등의 '눈'으로 쓰레기를 발견한 것이 아닙니다.

흡입구에 달려 있는 빛 센서에 의해 쓰레기의 통과를 감지하거나 쓰레기가 흡입될 때 생기는 소리(주파수)의 변화를 감지하면 쓰레기를 흡입한 다음에 "쓰레기가 있네"라고 감지하는 것입니다.

로봇 청소기는 청소가 끝나면 스스로 충전기가 있는 곳을 찾아서 돌아옵니다. 이 역시 센서의 작용에 의한 것입니다.

충전기에서 적외선이 나오고 있어 그 적외선을 감지하면서 길을 찾아 돌아갑니다. 이 적외선은 등대의 빛과 같은 역할을 합니다.

이처럼 다양한 센서의 작용에 의해 영리하게 청소를 하는 로봇 청소기이지만 센서 부분의 청소는 사람이 신경을 써서 해주어야 할 필요가 있습니다.

# 19 빨래 세제는 많이 넣어도 효과가 없다?

오염이 심한 세탁물을 많이 빨 때에는 무심코 세제도 많이 넣게 되지 않습니까? 그런데 세제는 너무 많이 넣어도 너무 적게 넣어도 기대하는 효과를 얻을 수 없습니다. 적정량을 사용하는 것이 중요합니다.

### 의류의 기름때를 제거하는 구조

'물과 기름 같은 사이'라는 말이 있듯이 이 둘은 서로 섞이지 않고 튕겨내는 성질이 있습니다. 의류의 때를 제거할 경우에도 피지 등의 유성 때는 물만으로는 제거되지 않습니다. 이를 제거하는 것이 세제의 주성분인 계면활성제입니다(물질과 물질의 경계를 '계면'이라고 합니다. 이 계면을 변화시키는 것을 '계면활성제'라고 하며 대표적인 것으로 비누가 있습니다. 비누는 유지와 수산화나트륨등을 반응시켜서 만듭니다).

계면활성제는 성냥개비와 같은 모양을 하고 있으며 하나의 분자 속에 물과 잘 섞이는 '친수기(親水基)와 기름과 잘 섞이는 '친유기(親油基)'라는 성분이 있습니다. 이 계면활성제가 서로 섞이지 않는 물과 기름을 잘 융합하게 해주는 것입니다.

기름과 섞이는 막대부분(친유기)이 유분에 닿으면 잇달아 때에 달라붙어 둘러쌉니다. 한편으로 물과 섞이는 친수기는 물과 결합하여 때나 섬유의 틈에 물이 스며들도록 작용하여 때를 의류에서 제거합니다. 때는 계면활성제에 둘러싸여 있어서 의류에 다시 달라붙을 수 없습니다.

떨어져나간 때는 계면활성제의 작용으로 작은 알갱이가 되어 헹굼을 통해 빠져나갑니다.

이것이 계면활성제에 의한 오염물 제거 구조입니다.

계면활성제가 때를 제거하는 구조

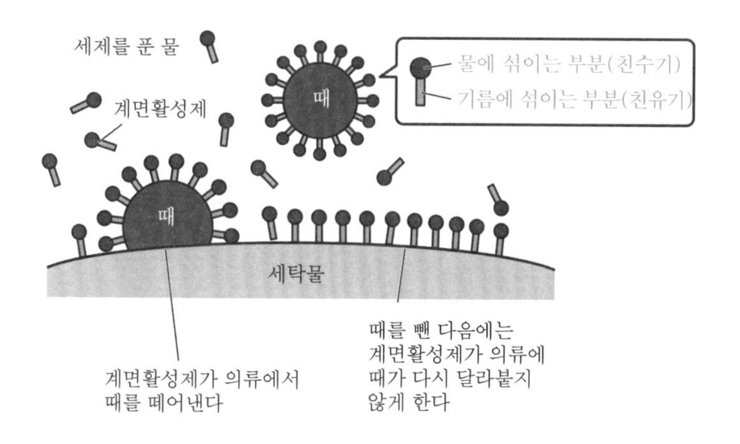


### 계면활성제는 농도가 중요

계면활성제는 어느 농도에 달하면 친유기끼리 서로 달라붙어서 '미셀'이라는 결합체를 만듭니다. 미셀은 안쪽으로 기름때를 에워싸기 때문에 미셀이 늘어남으로써 세정력이 좋아집니다.

그런데 에워싸지 못할 정도로 세제의 양이 적으면 때를 제대로 제거할 수 없습니다. 아껴 쓰려고 세제의 양을 너무 줄이면 계면활성제 본연의 작용을 기대할 수 없어서 의류가 누렇게 되거나 얼룩이 생기거나 냄새가 나는 원인이 되기도 합니다.

어느 일정한 농도까지는 세제 양과 비례해서 오염물 제거 효과는 급속하게 높아집니다.

한편으로 일정량을 넘어 너무 많이 넣으면 이번에는 그 이상의 세제를 넣더라도 효과는 거의 없습니다.

때 안에는 계면활성제의 작용만으로 제거되지 않는 때도 있습니다. 그래서 계면활성제 양을 아무리 늘리더라도 때는 제거되지 않습니다. 때를 에워싸지 않은 미셀만 더 많아질 뿐입니다.

지나치게 많이 넣은 세제는 결국 버려지는 셈이고 세제를 많이 넣어 헹굼 시간만 길어지므로 물이나 시간을 낭비하는 결과만 낳습니다.

세제 포장에는 세탁물의 양이나 세탁기에 넣을 물의 양에 따른 세제의 적정량이 표기되어 있습니다. 사용 전에 잘 확인하고 용량을 지키도록 합시다.

### 때가 심하게 탔을 경우?

의류의 때는 모든 곳에 골고루 달라붙어 있는 것이 아닙니다. 옷깃이나 소매처럼 부분적으로 때가 심하게 탄 부분은 먼저 세제를 묻혀 손이나 솔로 애벌빨래를 한 다음 세탁기에 돌리면 때가 쉽게 빠집니다.

또한 음식물 얼룩이나 혈액과 같은 단백질계 오염이 있는 의류는 세탁기에 넣기 전에 단백질 분해 효소를 지닌 세제를 미지근한 물에 풀어 잠시 담가놓으면 계면활성제와는 다른 방법으로 오염물질을 제거하는 효과를 얻을 수 있습니다.

세제에는 효소 이외에도 세정 효과를 높이기 위한 보조적인 성분이 몇 가지 들어가 있습니다. 오염물질에 따라 산성으로 기울기 쉬운 세정액을 적정하게 유지해 주는 알칼리제, 세정에 방해가 되는 물 속 미네랄을 막아주는 수연화제, 일단 제거된 때가 의류에 다시 달라붙지 않게 해주는 분산제(재부착 방지제) 등입니다. 이와 같은 다양한 성분의 결합으로 의류의 때를 제거해 주는 것입니다.

### 절수형 세탁기에는 주의가 필요

세제의 계량과 관련해서 한 가지 주의점이 있습니다. 그것은 최근 늘어가고 있는 드럼식 세탁기 등의 절수형 세탁기를 사용하는 경우입니다.

지금까지 계량 도구는 세탁물의 중량에 따라 사용되는 물의 양을 기준으로 세제의 양을 표시했습니다. 그런데 절수형 세탁기를 사용할 때 물의 양을 기준으로 세제를 넣으면 세탁물의 양에 비해 세제의 양이 적어지는 경우가 있습니다.

이 때문에 최근 세제 포장에는 '일반식' 또는 '드럼식'으로 구분해서 용량이 기재되어 있습니다. 절수형 세탁기의 경우에는 물의 양이 아니라 세탁물의 양을 기준으로 하도록 표시가 바뀌었기 때문입니다.

세탁물이 몇 킬로그램인지를 매번 측정하여 세탁을 하는 것은 번거롭습니다만 몇 번 하다 보면 어느 정도 넣는 것이 좋을지 알게 됩니다.

절수형 세탁기의 경우에는 세탁물의 양을 기준으로 세제의 양을 결정한다는 사실을 기억해 두면 효과적인 오염물질 제거를 할 수 있을 것입니다.

# 20 효소가 들어간 세제는 일반 세제와 무엇이 다를까?

오염물질을 제거하는 세제의 주성분은 계면활성제인데 세탁용 세제 중에서 '효소 함유'를 강조한 제품을 자주 접하게 됩니다. 효소는 오염물질 제거에 어떠한 효과가 있는 걸까요?

### 계면활성제와는 다른 효소의 작용

앞에서 설명했듯이 세제의 주성분인 계면활성제는 기름과 잘 섞이는 부분과 물과 잘 섞이는 부분의 두 가지 성질을 가지고 있습니다. 기름과 잘 섞이는 부분이 유성 오염물질에 달라붙어 의류 등에서 때를 제거해 줍니다.

이에 반해 효소는 오염물질이 물속에서 화학적으로 분해되어 잘게 부서지는 것을 도와주는 작용을 합니다(이러한 화학반응을 쉽게 일어나게 하는 물질을 '촉매'라고 합니다. 반응 전후에 자기 자신은 변화하지 않는 특징이 있습니다). 우리가 음식을 먹으면 소화효소가 분비되어 음식을 소화분해해 줍니다. 이와 마찬가지로 효소는 세탁조 안에서 오염물질을 잘게 분해하여 오염물질을 의류에서 쉽게 떨어지도록 하는 작용을 합니다. 계면활성제가 오염물질을 제거하는 작업을 도와주는 역할을 하는 것입니다.

효소는 기름(지질)뿐만 아니라 단백질이나 전분에, 그리고 오염물질이 아니라 섬유에 작용하는 것도 있습니다.

### 오염물질 종류에 따라 효소도 다양

효소는 그 작용에 따라서 단백질 분해효소(프로테아제), 지질 분해효소(리파아제), 전분 분해효소(아밀라아제), 섬유 분해효소(셀룰라아제) 등의 종류로 나뉩니다.

지질 분해효소는 기름때나 몸에서 나오는 피지의 때에, 단백질 분해효소는 혈액이나 우유 등의 오염물질에, 전분 분해효소는 음식물 등의 오염물질에 위력을 발휘합니다.

조금 성질이 다른 것이 섬유 분해효소인데 이 효소는 면이나 마 등 식물성 섬유의 틈새에 깊이 박힌 오염물질을 섬유가 상하지 않을 정도로 녹여 풀어내어 제거하는 작용을 합니다. 이 밖에도 섬유 표면의 작은 보풀을 제거하고 의류의 색을 선명하게 유지하거나 얼룩을 없애주는 효과도 있습니다.

### 효소 함유 세제는 이렇게 사용하면 효과적

효소의 효과를 제대로 끌어내려면 몇 가지 알아두어야 할 점이 있습니다.

먼저 차가운 물보다는 따뜻한 물이 효소의 작용을 끌어올려 준다는 점입니다. 다만 효소는 그 자체가 단백질이기 때문에 끓는 물과 같은 고온에서는 굳어버립니다. 또한 오염물질이 단백질계 오염일 경우에는 오염물질의 성분도 굳어버려 섬유에 더 강하게 달라붙어 버릴 가능성이 있습니다. 최적의 온도는 36~37℃ 정도인 경우가 많습니다.

강한 산이나 알칼리에도 약해서 중성에 가까운 상태에서 가장 큰 효과를 발휘합니다. 다만 최근에는 알칼리성 세탁액에서도 쉽게 효과를 발휘하도록 알칼리에 강한 효소를 만들어내는 미생물의 발견, 배양 등도 진행되고 있다고 합니다.

또한 오염물질 분해는 한순간에 끝나는 것이 아니기 때문에 일반적으로 세탁하는 것만으로는 시간이 너무 짧아서 충분히 분해가 되지 않습니다. 효소의 특성을 잘 살려서 세탁을 하려면 목욕하고 남은 물에 세제를 풀어 30분에서 1시간 정도 담가두었다가 세탁을 하면 더 큰 효과를 기대할 수 있을 것입니다.

| 효소의 종류와 그에 대응하는 오염물질 일람 | |
|---|---|
| 프로테아제(단백질 분해효소) | 몸때, 혈액, 우유 등 단백질을 많이 함유한 음식의 오염물질 |
| 리파아제(지질 분해효소) | 피지, 유지를 함유한 음식물의 오염물질 |
| 아밀라아제(전분 분해효소) | 카레류, 미트소스 등 밀가루를 사용한 음식물이나 호박 소스 등 전분을 많이 함유한 음식물의 오염물질 |
| 셀룰라아제(셀룰로오스 분해효소) | 목면 섬유 속에 쌓인 오염물질(섬유에 작용해 느슨하게 풀어내서 때를 제거) |

### 약점도 알고 사용하자

단백질 분해효소가 들어간 세제는 울이나 실크 제품의 세탁에 사용해서는 안 됩니다. 면이나 마 등 대부분의 섬유는 식물성으로 만들어졌지만 울이나 실크는 동물성 단백질로 만들어진 섬유이기 때문에 효소의 작용이 섬유 자체를 손상시킬 우려가 있기 때문입니다.

이러한 제품을 세탁할 때에는 단백질 분해효소가 들어 있지 않은 세제로 세탁하는 것이 옷의 촉감을 손상시키지 않는 방법입니다.

또한 동물성 단백질의 섬유제품에 묻은 오염물질을 간편하게 제거하려면 샴푸를 활용해 보는 것도 좋습니다. 사람의 머리카락도 동물성 단백질이어서 울이나 실크와 성질이 비슷하다고 할 수 있습니다.

3장

# '쾌적한 생활'에서 만나는 과학

# 21 동전은 어떤 금속으로 만들어졌을까?

금속은 동전이나 가위, 철교나 빌딩 등의 재료가 되는, 우리 생활에 없어서는 안 되는 존재입니다. 그 중에서도 철은 모든 금속의 90% 이상을 차지하여 '산업계의 쌀'이라고 불릴 정도입니다.

### 금속의 세 가지 특성

원소 주기율표에는 현재 118종류의 원소가 실려 있습니다. 이 가운데 약 80%는 금속 원소입니다. 금속 원소만으로 이루어진 물질 그룹을 금속이라고 합니다.

금속은 특유의 광택(금속 광택)을 가지고 있으며, 전기나 열을 잘 전달하고, 당기면 늘어나고 두드리면 넓어지는 연전성(延展性)이 있다는 세 가지의 공통된 특성이 있습니다.

예를 들어 색과 관련해서 금속 원소인 칼슘이나 바륨은 어떤 색을 띠고 있을까요? 정답은 바로 모두 '은색'입니다. 금속이 가진 금속 광택 대부분은 은색을 띠고 있으며 예외적으로 금은 금색을, 동은 붉은색을 띠고 있습니다. 칼슘이나 바륨은 백색이라는 이미지를 가진 사람이 많은데 이는 '~칼슘'(예를 들어 탄산칼슘 등), '~바륨'(예를 들어 위의 X레이 촬영 때 마시는 유산바륨 등)과 같이 다른 원소와의 화합물이 백색이기 때문으로, 금속 자체는 광택을 가지고 있습니다.

### 금속의 다양한 분류

금속은 견해에 따라 다양하게 분류할 수 있습니다.

● 철과 비철금속

금속 재료 가운데 압도적으로 많이 사용되고 있는 것이 철강입니다. 이 철강을 제외한 금속을 비철금속이라고 합니다.

비철금속은, 매장량이 많아 폭넓게 사용되는 베이스 메탈(비금속卑金屬), 매장량이 적어 희소성이 높은 희소 금속, 장신구로도 이용되는 귀금속 등으로 분류할 수 있습니다.

● 귀금속과 비금속

공기 중에서 쉽게 녹이 스는 금속을 비금속(卑金屬), 공기 중에서도 안전하여 금속 광택을 잃지 않는 금속을 귀금속이라고 합니다. 장식용으로 이용되는 금, 백금(플래티나), 은 등은 대표적인 귀금속입니다.

● 경금속과 중금속

금속의 '경 · 중'에 의한 분류에서 일반적으로 밀도가 1세제곱센티미터당 4~5 이하의 것을 경금속이라고 합니다. 이보다 큰 것이 중금속입니다.

철, 크롬, 니켈, 동, 아연, 납, 주석 등 금속 재료로 이용되는 대부분이 중금속입니다.

경금속으로는 알루미늄, 티타늄이나 마그네슘이 재료로 많이 사용됩니다.

**금속에서 자주 사용되는 철, 동, 알루미늄**

철은 건축 재료에서부터 일용품에 이르기까지 가장 폭넓게 이용되는 금속입니다. 철로 좋은 성질을 가진 합금을 만들 수 있다는 점도 그 용도가 넓은 이유 중 하나입니다. 탄소 함유율이 0.04~1.7%인 강철이 그 한 예로, 단단해서 철골이나 레일 등에 사용되고 있습니다.

동은 붉은색을 띤 부드러운 금속으로 열을 잘 전달하고 전기가 잘 통합니다. 이 때문에 전선 등 전기 재료로 널리 활용되고 있습니다. 전선은 동 소비의 약 절반 정도를 차지합니다.

알루미늄은 가볍고 가공하기 쉽고 내식성(耐蝕性, 부식에 대한 저항력 – 옮긴이)도 있어서 자동차의 일부, 건축물의 일부, 캔, 컴퓨터, 가전제품의 케이스 등 다양한 용도로 쓰입니다. 알루미늄이 내식성을 갖는 것은 공기 중에서 표면이 산화되어 산화알루미늄의 치밀한 막(산화피막)이 내부를 보호하기 때문입니다.

또한 알루마이트 가공(알루미늄을 양극으로 전해 처리하여 인공적으로 산화피막을 생성시켜 표면을 보호하는 표면 처리 방법)을 함으로써 산화피막을 인공적으로 두껍게 하여 내식성을 더욱 높이는 경우도 있습니다. 예를 들어 냄비 등의 용기 재료나 알루미늄 새시 등의 건축 재료 등이 있습니다.

### 합금으로 사용되는 것

어느 금속에 다른 금속 원소, 혹은 탄소, 붕소 등의 비금속(非金屬) 원소를 첨가하여 융합시킨 것을 '합금'이라고 합니다.

합금의 예로, 스테인리스 철을 소개하고자 합니다.

녹슬지 않는 철의 제조는 오랫동안 인류의 꿈이었습니다. 19세기 말에 그 꿈을 실현한 철이 바로 특별한 처리를 하지 않아도 녹이 잘 슬지 않는 금속 '스테인리스 스틸'입니다. 스테인리스 스틸은 철에 크롬과 니켈을 첨가한 합금입니다.

스테인리스 스틸이 잘 녹슬지 않는 것은 표면에 생기는 매우 치밀한 산화피막이 내부를 강하게 보호하기 때문입니다.

잘 녹슬지 않는 특성 때문에 부엌칼이나 싱크대 등 주방 관련 제품, 자동차의 엔진에서부터 원자력 발전 시설까지 폭넓게 보급되어 있습니다.

동전에 사용되는 금속

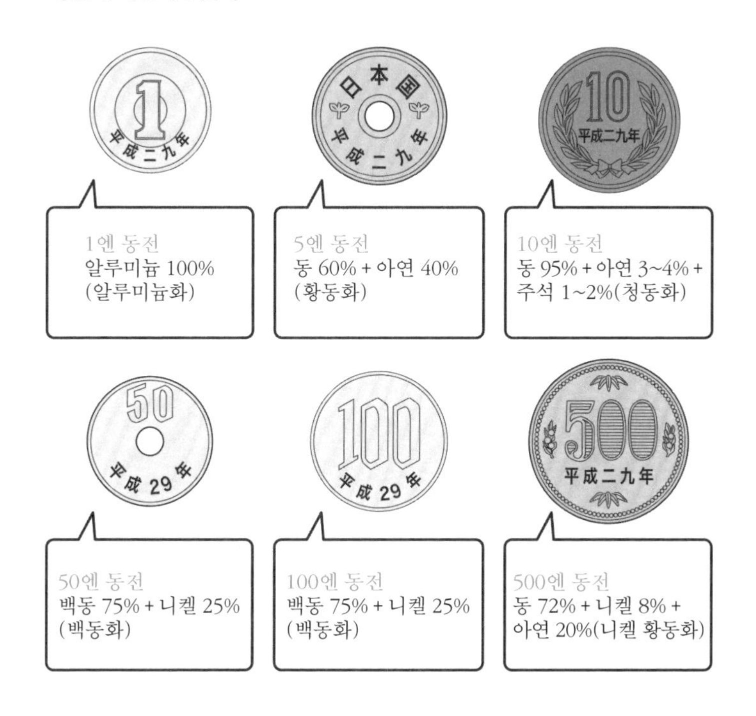


옮긴이 주)

우리나라 동전에 사용되는 금속은 다음과 같습니다.

1원화 – 알루미늄(알루미늄 100%)
5원화 – 황동(구리 65% + 아연 35%)
10원화 – 구리씌움 알루미늄(구리 48% + 알루미늄 52%)
50원화 – 양백(구리 70% + 아연 18% + 니켈 12%)
100원화 – 백동(구리 75% + 니켈 25%)
500원화 – 백동(구리 75% + 니켈 25%)

# 22 지울 수 있는 볼펜의 비밀은?

> 아이들의 학습 현장에서부터 비즈니스 현장까지 완전히 정착한 '지울 수 있는 볼펜'. 최근에는 같은 원리의 스탬프가 등장해 인기를 끌고 있습니다. 이것은 어떠한 구조로 되어 있을까요?

### 잉크를 보이지 않게 하는 기술

지금까지 볼펜 잉크는 수정하는 데에 수고로웠습니다. 그러한 수고로움을 덜고 연필처럼 손쉽게 이용할 수 있도록 한 것이 '마찰'을 바탕으로 한 '지울 수 있는 볼펜'입니다.

기존의 지우개는 연필로 쓴 부분의 흑연을 벗겨내 지우는 방식입니다. 그러나 지울 수 있는 볼펜은 잉크를 벗겨내 지우는 것이 아니라 온도 변화에 따라 무색이 되는 잉크의 성질을 이용하여 '보이지 않게' 하는 방식입니다.

이 잉크는 특수한 마이크로캡슐이 색소의 역할을 하고 있어서 그 속에 들어가 있는 3종류의 성분 조합이 온도 변화로 인해 변하면서 무색이 됩니다.

이 잉크의 원재료인 '메타모컬러'는 색의 변화에 따라 맥주나 와인의 가장 맛있게 마실 수 있는 순간을 표시하는 라벨 등, 다양한 제품의 적정 온도를 표시하는 표시제로 사용되었습니다.

### 마찰열을 이용한다

그러면 어떻게 온도 변화를 일으키는 것일까요?

그것은 바로 볼펜 윗부분에 붙어 있는 전용 레버로 문지르면 발생하는 마찰열 때문입니다. 온도는 약 60도 이상으로, 설정된 색깔을 지울 수 있는 온도가 넘으면 잉크의 색깔이 무색으로 변하는 것입니다.

잉크의 특성상 상온으로 돌아와도 잉크의 색깔은 다시 회복되지 않습니다. 또한 잉크를 벗겨낸 것이 아니기 때문에 지우개와 같은 잔여물도 나오지 않습니다.

지울 수 있는 볼펜의 잉크는 지운 곳에 반복해서 다시 필기할 수가 있습니다. 그러나 온도 변화를 이용했기 때문에 이 볼펜으로 글을 썼을 경우 온도에 주의를 기울일 필요가 있습니다.

지울 수 있는 볼펜으로 글을 쓴 종이를 래미네이트 가공을 하면 글씨가 사라져버립니다. 한여름의 자동차 안처럼 온도가 60도 가까이 올라갈 수 있는 장소에 이 종이를 놓아두면 글씨가 사라지기도 합니다. 반대로 냉장고(영하 20도 이하) 안에 넣어놓으면 글씨가 다시 회복되는 경우도 있습니다. 또한 이 볼펜은 중요한 증서나 편지의 수신자명 등에 사용할 수 없으므로 주의가 필요합니다.

지울 수 있는 볼펜의 잉크 구조

A 색깔 성분(류코 염료)
B 색깔이 나타나게 하는 성분(발색제)
C 변색 온도 조정제

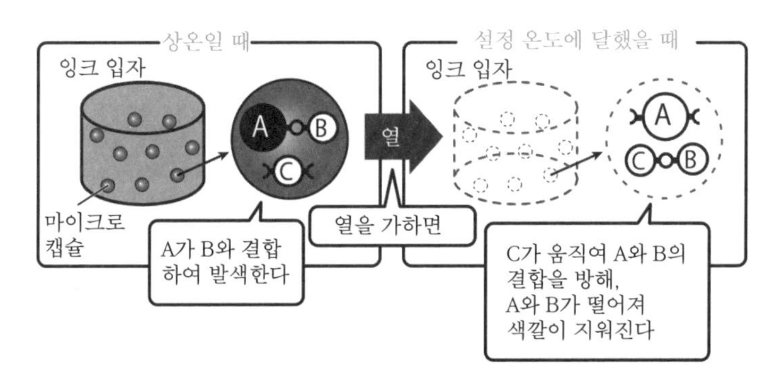

# 23 항균 제품은 정말 효과가 있을까?

우리 주변에는 항균을 내세운 상품이 많습니다. 이러한 '항균 제품'에는 어떠한 효과, 장점, 단점이 있을까요?

## '항균'이란?

항균이란 말 그대로 '균에 대항한다'는 의미입니다.

균에 대항한다는 의미를 가진 말에는 살균(殺菌, 균을 죽인다), 제균(除菌, 균을 제거한다), 멸균(滅菌, 모든 균을 죽인다), 정균(靜菌, 균의 증식을 억제한다) 등이 있습니다.

항균 제품이란 제품에 소독제나 항균작용이 있는 물질을 섞어 약한 살균 능력을 갖게 한 제품입니다. 본래는 의료용으로 개발되어 감염증을 방지하는 것을 주된 목적으로 했습니다.

항균 제품이 주목받게 된 것은 장출혈성 대장균 O-157의 유행이 계기가 되었습니다. O-157의 전국적인 유행으로 제균에 대한 관심이 높아졌으며 이에 따라 많은 항균 제품이 탄생했던 것입니다.

항균 제품이라고 해도 그 종류가 많고 효과도 각양각색입니다. 정균 작용을 하는 약한 살균 작용을 이용한 것에서부터 강한 살균력을 가진 것에 이르기까지 다양합니다. 만드는 방법에도 수지 등에 성분을 넣은 것, 직물에 성분을 이용한 것, 스프레이 등 분무 형태의 것 등등 여러 가지가 있습니다.

### 항균 제품의 장점

일상생활에서 균의 번식 때문에 고충을 겪는 일은 많습니다. 예를 들어 부엌 개수대는 균이 많이 번식하고 이상한 냄새도 납니다. 이를 살균하기 위해서 염소계 살균제나 표백제를 이용하기도 합니다. 다만 염소계는 작용이 강력한 만큼 취급에 주의가 필요합니다.

부엌용품이나 욕실용품 자체에 항균 작용을 갖게 함으로써 청소의 수고를 덜 수 있는 것도 있습니다. 이는 균의 번식을 억제하여 냄새 발생을 방지하는 등의 효과를 기대할 수 있습니다. 플라스틱 등의 수지에 항균 성분을 넣은 경우에는 오랫동안 효과가 지속된다는 특징이 있습니다.

의류에 항균 작용을 첨가한 제품도 있습니다. 땀을 흘린 다음에 발생하는 냄새의 대부분은 세균 번식이 원인입니다. 항균 작용을 첨가한 의류는 이를 방지하는 효과가 있습니다. 의류에 항균 작용을 첨가하기 위해서 소재 그 자체에 섞어넣는 경우도 있지만, 제품에 따라서는 나중에 항균 성분을 분무하는 경우도 있어서 세탁을 반복하면서 그 효과가 떨어지기도 합니다.

### 항균 제품의 단점

우리 몸에는 많은 종류의 균이 일상적으로 존재합니다. 체내의 균으로는 장내 세균이 잘 알려져 있지요. 또한 입 안이나 피부 표면 등에도 서식하고 있습니다. 이러한 균을 상재균(常在菌)이라고 합니다. 상재균은 사람의 상태에 따라 '착한 균'과 '나쁜 균'으로 분류됩니다. 착한 균은 건강 유지에 도움이 됩니다. 예를 들어 장내 세균의 유산균은 착한 균의 대표적인 예로 알려져 있습니다.

항균 제품과 관련이 깊은 것은 장내가 아니라 피부에 서식하는 세균류입니다. 피부에는 1평방센티미터당 10만 마리 이상의 균이 있다고 합니다. 항균 제품의 작용에 따라서는 피부에 존재하는 착한 균까지 살균해 버릴 수도 있습니다. 약용 비누나 제균 알코올을 지나치게 사용하면 피부의 세균 균형을 파괴해 나쁜 균을 번식시킬 위험이 있습니다.

우리의 체내에는 태아 때에는 아주 미미한 정도의 균밖에 없지만 태어남과 동시에 균과의 공생을 시작합니다. 일상생활 속에서 많은 종류의 균이 서서히 체내나 피부에 상존하게 되는 것입니다.

여러 종류의 균이 균형을 유지하면 새로운 균이 우리 몸에 침입하더라도 살 수 없습니다. 이를 길항현상이라고 합니다. 항균 제품을 과도하게 사용하면 이 균형이 깨져 오히려 병원균의 침입을 용이하게 할 위험이 있습니다.

게다가 어중간한 살균을 하게 되면 그 항균 작용에 대해서 병원균이 내성을 갖기도 합니다. 이로 인해 항생물질 등이 제 기능을 발휘하지 못할 수도 있습니다.

### 항균 제품은 정말 균을 죽인다?

항균 제품은 확실히 균을 죽이거나 활동을 약화시키는 효과를 기대할 수 있습니다. 다만 우리에게 나쁜 영향을 주는 균만 죽이는 것은 아닙니다. 연구자들 중에는 항균 제품은 잠시 동안의 안심은커녕 오히려 해가 된다고 여기는 사람도 있습니다.

보이지 않는 균에 대해서 필요 이상으로 공포심을 갖고 쓸데없이 살균에만 몰두할 것이 아니라 유익한 상재균의 존재를 이해하고 요령 있게 공존해 가는 것이 중요합니다.

항균 제품은 착한 균까지 제거한다

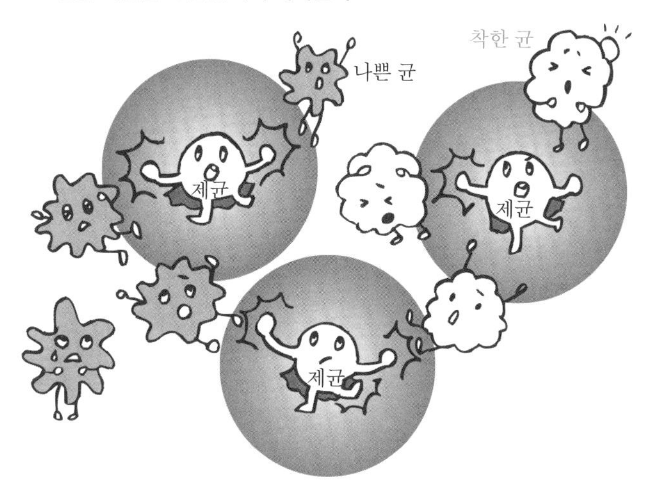

# 24 종이기저귀는 왜 그렇게 많이 흡수해도 새지 않지?

소변을 많이 흡수해도 새지 않는 종이기저귀나 여성의 생활을 지켜주는 생리대. 수건처럼 얇은데도 어떻게 그렇게 많은 수분을 흡수할 수 있는 것일까요?

## 의외로 복잡한 종이 기저귀의 구조

많은 양의 소변을 흡수해도 새지 않는 종이 기저귀는 크게 3개의 층으로 이루어져 있습니다.

먼저 피부를 지켜주는 표면 시트입니다. 수분 흡수와 땀 흡수에 뛰어난 폴리올레핀(폴리에틸렌이나 폴리프로필렌 등 수소와 탄소만으로 구성된 고분자화합물의 총칭)이라는 재료를 사용하여 보송보송함을 유지시켜 줌과 동시에 소변이 본래 상태로 돌아가지 못하게 하는 작용을 합니다.

그리고 그 아래가 소변을 확실히 잡아주는 흡수재입니다. 이 흡수재 속에 소변을 대량으로 흡수 · 보유할 수 있는 '고흡수성 폴리머(Superabsorbent Polymer, 통칭 'SAP')'가 사용됩니다. 바로 이 SAP가 종이 기저귀에 많은 소변을 흡수할 수 있게 해주는 열쇠를 쥐고 있습니다.

다시 그 아래에 방수재가 있습니다. 액체가 새지 않고 습기만을 밖으로 내보내도록 하는 장치가 들어가 있습니다.

### 육아나 간병을 돕는 '고흡수성 폴리머'란?

소변이 새지 않는 비밀은 SAP에 있습니다.

SAP는 그물코가 들어간 작은 알갱이 모양의 '기능성 화학품'으로 자기 무게의 100~1,000배나 되는 물을 흡수합니다. 물을 끌어당기는 커다란 그물은 물을 흡수하기 전에는 단단히 작게 압축되어 있지만 물을 흡수하기 시작하면 점점 넓게 펴져서 많은 물을 저장할 수 있습니다. SAP는 이처럼 흡수성, 팽윤성, 보수성이 뛰어납니다.

또한 흡수한 물(소변)은 젤 상태로 굳어져 기저귀를 눌러도 잘 새지 않습니다.

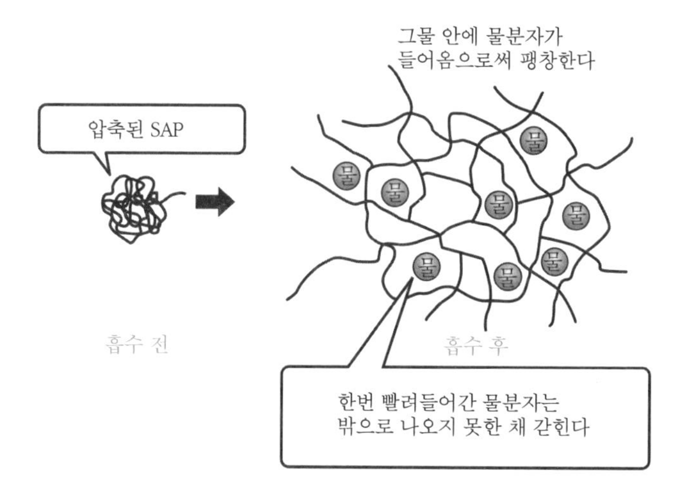


SAP를 이용한 종이기저귀는 1980년대부터 발매되었습니다. 그 당시까지는 면을 깔아서 만든 두꺼운 기저귀가 일반적이었으며 감촉도 그리 좋지 않았습니다. SAP의 등장으로 종이기저귀는 얇고 사용하기 손쉬워졌으며 수분 흡수율도 눈에 띄게 좋아졌습니다.

이전에는 손으로 빨아야 하고 자주 갈아줘야 하는 등 '귀찮고 불편한' 점이 많았습니다. 이러한 불편을 덜어준 SAP는 기저귀의 역사를 바꾸어놓았다고 할 수 있습니다.

### 우리 가까이 넘쳐나는 SAP

SAP는 종이기저귀나 생리대 이외에도 다양한 물건에 사용됩니다.

예를 들어 겨울 필수품 중 하나인 '핫팩'이라는 것이 있습니다. 핫팩은 그 안의 철가루가 공기 중의 산소와 섞여 산화해 산화철이 될 때의 열로 따뜻해집니다. 이 산화를 촉발하기 위해 식염수를 사용하는데 이 식염수를 SAP 안에 함유해 두는 것입니다.

이 밖에도 방향제나 보냉제, 애완동물용 실내 화장실 시트나 고양이 모래에도 사용됩니다. 특이한 것으로는 흙 대신 SAP를 이용한 제품이 있는데, 재해 시에 물을 흡수해 곧바로 팽창시켜서 사용할 수 있습니다. 흙을 이용한 흙부대에 비해 팽창시키기 전에는 얇고 가볍기 때문에 보관 공간에 크게 구애받지 않는다는 장점이 있습니다.

이처럼 SAP는 우리 생활을 편리하고 쾌적하게 만들어주는, 활용도 높은 기능성 화학품입니다.

### 종이기저귀가 사막화를 막는다?

이러한 SAP의 성질을 응용하여 사막의 녹지화에 도움이 될 수 있는 연구가 진행되고 있습니다.

SAP는 불과 1그램으로 물 1리터를 흡수합니다. 이를 나무를 심을 때 모래에 섞으면 모래땅의 보수력을 높일 수 있을 것이라는 예측에서 탄생한 연구입니다. SAP에 함유된 물은 그리 간단히 증발하지 않기 때문에 사막의 건조함을 견딜 수 있습니다.

SAP에 생분해성(生分解性) 기능을 추가하여 사용 후의 폐기 문제도 해결하기 위한 차세대 연구도 진행되고 있습니다. 생분해성이란, 자연 환경 속에서 미생물이나 효소로 분해되는 성질을 말합니다. 또한 생체 내에서 고분자 화합물을 분해 · 흡수하여 무생물로 만드는 것을 말합니다. 환경에 미치는 영향이 적어서 기존의 플라스틱을 대신할 재료로 기대를 모으고 있습니다.

### 두부와 곤약도 SAP와 같은 부류

소변을 흡수한 종이기저귀의 SAP와 마찬가지로 대부분이 수분인데 고체처럼 단단해진 것을 '겔(gel)'이라고 합니다.

예를 들어 두부나 젤리, 한천, 곤약 등이 겔의 부류에 들어갑니다. 이들은 매우 작은 끈 모양의 분자들이 그물코 모양으로 밀집되어 있는데 그 틈새로 물을 머금으면서 고체처럼 단단해진 것입니다.

또한 과학놀이에서 자주 사용되는, 액체괴물이라 불리는 '슬라임'이 있습니다. 이 역시 끈 모양의 분자로 된 세탁용 풀인 폴리비닐알코올에 붕사(硼砂)를 넣어 그 분자들을 결합시켜서 물분자를 다량 함유한 커다란 그물로 만든 것입니다. 물을 가두면서 결합을 하기 때문에 고체와 액체의 중간과 같은 감촉을 만들어냅니다.

이들 모두는 같은 구조를 가진 부류들입니다.

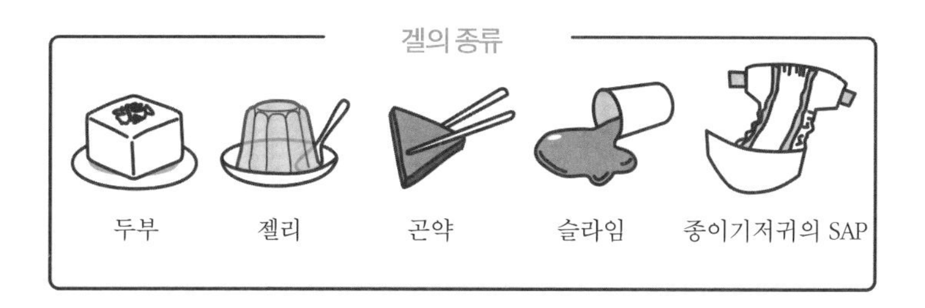

# 25 전자 체온계는 어떻게 몇십 초 만에 체온을 측정할 수 있을까?

예전의 수은 체온계는 체온을 측정할 때까지 5분 이상 걸렸지만, 지금은 몇 초에서 몇십 초 만에 측정하며 1초 만에 측정할 수 있는 체온계도 등장했습니다. 어떠한 차이가 있을까요?

### 5분 이상 걸리는 '실측식' 수은 체온계

수은 체온계의 센서는 체온계 끝의 수은이 담겨 있는 부분에 있습니다. 체온계를 겨드랑이에 끼우면 센서 부분의 수은이 따뜻해져서 표시 온도가 올라갑니다. 온도가 올라가는 속도는 센서의 온도와 체온의 차에 비례합니다. 시간이 지나면 온도 표시가 일정해집니다. 센서의 온도 상승은 체온에 가까워질수록 더디어지는데, 그때까지 제대로 실측할 필요가 있기 때문에 시간이 걸립니다. 논리상으로는 아무리 시간이 지나도 센서의 온도는 체온이 되지 않습니다. 그러나 센서의 온도 변화가 온도계 표시의 극소치 이하가 되면 표시 온도의 변화를 판별할 수 없기 때문에 이 온도를 체온으로 정한 것입니다.

### 10~30초면 측정하는 '예측식' 전자 체온계

전자 체온계는 스위치를 넣어 겨드랑이에 끼우면 잠시 후에 삐삐 소리가 납니다. 측정 시간은 종류에 따라 다르지만 10초에서 30초 정도 걸리는 것이 대부분입니다.

전자 체온계의 센서는 체온계의 끝부분에 달려 있는데 몇십 초 동안 측정한다고 해서 센서의 온도가 체온에 이르지는 못합니다. 표시된 체온은 몇십 초 동안에 얻은 온도 변화를 가지고 계산을 통해 산정한 예측치인 것입니다.

실측치와 예측치의 차이

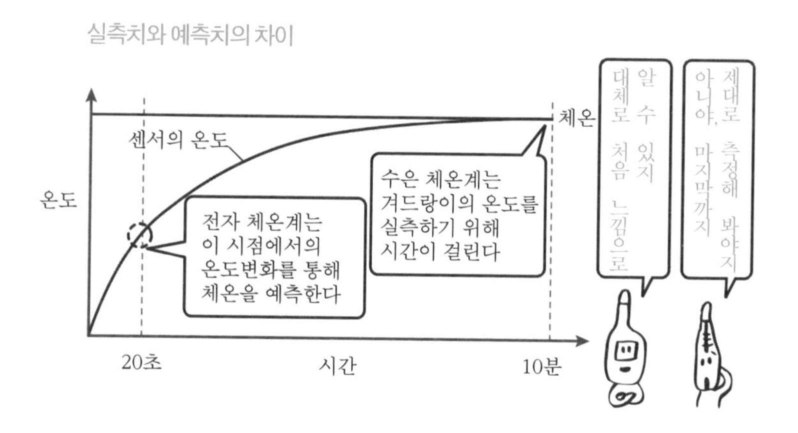


## 단 1초 만에 측정하는 비접촉 체온계

최근에는 귀에 대보고 고막과 그 근처의 온도를 측정하는 체온계나 이마 가까이에 두고 체온계를 향해 버튼을 누르는 것만으로 체온을 측정할 수 있는 상품도 등장했습니다. 이러한 체온계를 비접촉 체온계라고 하며 피부에 대지 않고 최단 시간 1초 만에 측정할 수 있습니다.

우리 몸에서는 적외선이 나오고 있습니다. 이 체온계는 귀 안쪽에 있는 고막이나 이마에서 나오는 적외선의 양을 측정하는 방법으로 체온을 측정하는 것입니다. 자고 있는 아기나 가만히 있지 못하는 아이의 체온을 간단하게 측정할 수 있어서 편리합니다.

적외선 양을 측정하는 체온계

귀에서 측정한다

이마에서 측정한다

# 26 요즘 수세식 화장실에서는 전기도 얻을 수 있다?

매일 꼭 사용하는 화장실은 없어서는 안 되는 존재입니다. 이런 화장실이 예전과는 비교도 되지 않을 정도로 스마트해지고 있습니다. 어떠한 기술이 담겨 있을까요?

### 교체할 만한 가성비

가정에서 사용하는 물 가운데 약 4분의 1의 양을 화장실에서 사용한다고 합니다. 일반적인 가정에서 하루에 약 250리터의 물을 사용한다고 하면 이 중 60리터 이상의 물을 화장실에서 흘려보내고 있는 셈입니다. 그렇게나 많이 사용하는가 싶지만, 이 정도 양도 예전에 비해 많이 줄어든 것이라고 합니다.

처음에 등장한 탱크식 수세식 화장실의 탱크 용량은 1회분이 무려 20리터. 그런데 최신식 화장실의 용량을 3.8리터까지 줄이는 데에 성공했다고 하니 놀랍기 그지없습니다.

적은 양의 물로 씻어내기 위해 지금까지 하던 대로 그저 직접적으로 물을 흘려내리는 것이 아니라 소용돌이를 일으켜 씻어내듯 흘려내리는 제품이 주류가 되고 있습니다. 또한 변기의 표면 자체를 더 미끌미끌하고 이물질이 쉽게 들러붙지 않게 하거나 발수성이 있는 소재로 표면 처리를 하는 등의 방법도 활용되고 있습니다.

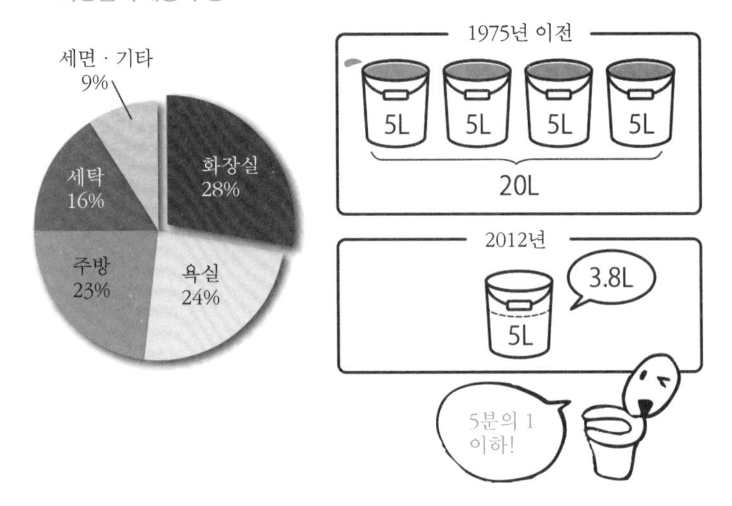


### 세정 기능의 진화

요즘 대부분의 화장실에 설치되어 있는 것이 바로 비데 기능입니다. 물의 입사각(入射角)과 반사각(反射角)이 잘 계산되어 엉덩이에 물을 쏜 후 그 물이 노즐에 다시 떨어지지 않을 뿐 아니라 앞쪽으로도 튀어나가지 않도록 작동합니다.

더구나 단순한 물 흐름이 아니라 물방울 상태의 물을 분사하기도 하고 절묘한 범위를 이동하면서 세정하는 등 철저하게 계산된 기능으로 쾌적함을 선사해 줍니다.

인도에 가면 지금도 화장실에 손잡이가 달린 물통이 놓여 있어서 그 물로 엉덩이를 씻습니다. 최근에는 물통이 아니라 변좌의 일부에서 물이 나오도록 만들어져 있지만 이 역시 그 물을 손으로 사용한다고 합니다. 현재 화장실 비데의 '명중률'은 실로 훌륭하여 인체공학의 진수가 함축된 기능이라고 할 수 있을 것 같습니다.

### 자동 기능 탑재

세정 기능 이외에도 '개성 있는 화장실'이 등장하고 있습니다. 공통된 점은 '자동화'입니다. 변좌 뚜껑의 개폐나 냄새 제거, 물 흐름까지 자동화되어 있습니다. 더 발전하다 보면 '앉기만 하면 끝'인 상황이 올지도 모릅니다.

여기에 활용되고 있는 기술이 바로 다양한 센서 기능입니다. 예상치 못한 상황이 발생해 비데 기능이 작동해서 물바다가 되지 않도록 적외선이나 압력 센서로 '사람이 있다'는 것을 확인합니다.

지금까지 화장실에서 쓸데없이 전기를 많이 사용해 온 것이 '변좌 히터'입니다. 화장실에 머무는 시간은 통계에 따르면 4인 가족 기준으로 하루 50분 정도라고 합니다. 하루에 3.5%밖에 머물지 않는 변좌를 계속 따뜻하게 유지했던 것입니다.

여기서 센서나 히터의 기술, 변좌의 구조를 근본에서부터 다시 살펴보고 궁리한 결과, 화장실에 들어가 불과 6초 만에 변좌를 '차갑다'고 느끼지 않는 온도로 데워주는 기막힌 상품까지 등장했습니다. 대부분의 경우 화장실에 들어가 변좌에 앉기까지 6초 정도는 걸린다고 합니다. 그 사이에 변좌를 데우고, 나머지 대개의 시간은 절전을 하는 것입니다.

물론 엉덩이 세정의 물도 '순간온수기'처럼 데워지도록 하여 항상 따뜻한 상태로 있는 것은 아닙니다.

### 필요한 전기도 만들어낸다

물을 흐르게 하거나 센서를 작동시키기 위해서는 전기가 필요합니다. 그래서 착안한 것이 수력 발전입니다. 변기의 물 흐름을 이용하여 조금이라도 전기를 만들어내려는 것입니다. 이미 실용화되어 화장실 안의 LED 조명 등에 활용되고 있습니다.

이러한 새로운 기능을 알리기 위해 최근에는 각 회사가 경쟁하듯 광고 전쟁을 벌이고 있습니다. 한편으로 변기에 사용되는 도기의 수명은 50년이 넘습니다.

기술이 점점 진화해 가더라도 그렇게 간단히 교체할 만한 성질의 상품은 아니기 때문에 우리도 현명하게 생각하고 판단해서 구입해야 합니다.

## 27 김이 서리지 않는 거울의 구조는?

욕실이나 세면대의 거울에 더운 물로 인해 김이 서리면 아주 불편합니다. 그럴 때 편리한 것이 '김이 서리지 않는 거울'입니다. 김이 서리지 않는 거울은 어떤 구조로 이루어져 있을까요?

### 거울에 김이 서리는 원인

욕실에서는 온도가 목욕물보다 낮기 때문에 눈에 보이지 않는 수증기가 이슬점에 달해 응결하면 하얀 수증기가 됩니다. 수증기가 거울에 붙어 더욱 차가워지면 작은 물방울이 생기는 결로현상이 나타나서 김 서림의 원인이 됩니다. 물방울이 난반사되면서 거울에 선명하게 비치는 것을 방해하는 것입니다.

거울에 김이 서리는 원인이 차가워진 수증기의 물방울 때문이라면 거울을 따뜻하게 함으로써 결로현상의 발생을 막을 수 있습니다.

### 거울을 따뜻하게 한다

거울을 따뜻하게 하기 위해서는 온열 히터를 거울 뒤쪽 전면 혹은 일부에 붙이는 방법이 있습니다. 일반 가정의 세정 · 세면 화장대나 미용실의 거울 등에 사용되고 있습니다.

다만 히터를 붙이는 것만으로는 가장자리부터 부식이 발생하는 일이 있어서 히터가 몇 년도 안 돼 못쓰게 되는 경우도 있습니다. 그러므로 거울 자체도 가장자리나 뒷면에 방부 · 방습 가공을 한, 부식에 강한 제품으로 설치하는 것이 바람직합니다.

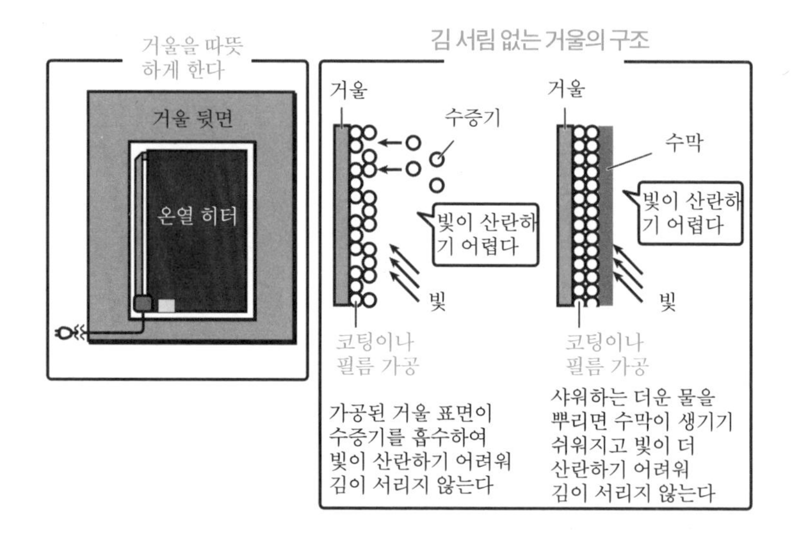


### 표면 가공된, 김 서림 방지 거울

거울을 뒷면부터 따뜻하게 하는 방법이 아니라 표면에 가공을 하여 김 서림을 방지하는 상품도 있습니다. 바로 '김 서림 방지 거울'입니다.

거울 표면에 바른 특수한 코팅이나 필름의 보습 효과로 수증기를 흡수하고 빛의 산란을 막습니다. 게다가 샤워하는 더운 물을 뿌리면 표면에 수막이 생기기 쉬운 성질이 있어서 김이 잘 서리지 않습니다. 이 표면 가공으로 물과 쉽게 결합하여 친수성이 높아진다고 합니다.

수영할 때 사용하는 고글에 김이 서렸을 때 물에 담가서 김을 제거하듯이, 빛이 쉽게 산란하지 않기 때문에 김이 서리지 않는 구조입니다.

시간이 지나면서 수막이 떨어지고 그와 동시에 오염물도 함께 떨어지는 '셀프 클리닝 효과'도 기대할 수 있습니다. 김 서림의 원인이 되는 물때 등의 오염물이 붙는 것을 억제하여 김 서림 방지 효과를 지속시킬 수 있습니다.

### 김 서림 방지 효과가 있는 것들

안경이나 선글라스, 수중에서 사용하는 고글 등의 김 서림 방지제에는 물과 알코올 그리고 계면활성제와 같은 오염물질 및 기름을 제거하는 성분이 사용됩니다. 다시 말해 이와 같은 성질을 가진 것을 사용하면 간단하게 김 서림 방지 효과를 얻을 수 있다는 것입니다.

예를 들어 주방용 세제나 우롱차, 이 밖에도 알코올이나 비누, 계란 흰자, 문구용 풀, 신문지(잉크의 유분이 작용) 등을 사용하면 효과를 얻을 수 있습니다.

### 광촉매에 거는 기대

자동차의 도어 미러나 빌딩 외벽 등의 김 서림 방지나 오염 방지에 이용되는 것으로 광촉매의 초친수화(超親水化) 기술이 있습니다.

광촉매는 빛의 힘을 이용하여 자신은 아무런 변화도 하지 않으면서 주변을 변화시키는 화학 변화를 가져옵니다.

산소 화합물인 산화 티타늄은 광촉매의 대표적인 물질입니다. 산화 티타늄에 자외선이 닿으면 물과 쉽게 섞이면서 표면에 소량의 물방울을 떨어뜨립니다. 그 물방울이 전면을 얇고 균일하게 덮으며 번져갑니다. 이 때문에 강한 산화력만으로는 분해할 수 없었던 기름때도 물을 뿌리는 것만으로 간단히 분리됩니다.

광촉매 기술은, 태양광 에너지를 이용하여 공기나 물 등을 정화하는 것 외에도 바이러스나 세균의 살균 · 항균, 그리고 친환경 수소 연료의 생산에 이용되는 등 많은 가능성을 가지고 있습니다.

광촉매의 구조

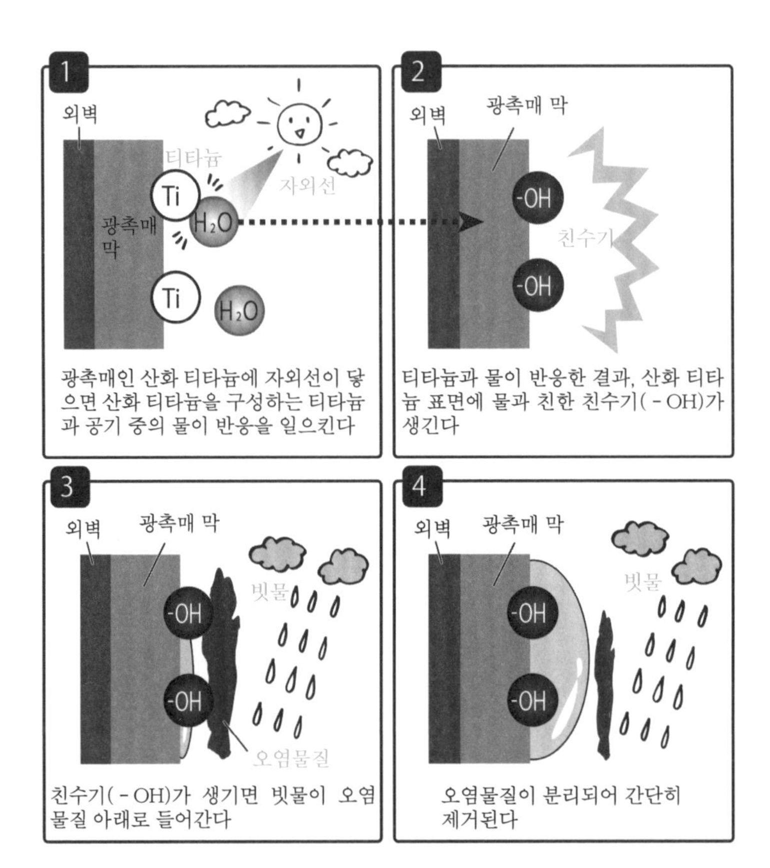
1
외벽
티타늄
Ti
자외선
광촉매 막
$H_2O$
Ti
$H_2O$
광촉매인 산화 티타늄에 자외선이 닿으면 산화 티타늄을 구성하는 티타늄과 공기 중의 물이 반응을 일으킨다
2
외벽
광촉매 막
-OH
친수기
-OH
티타늄과 물이 반응한 결과, 산화 티타늄 표면에 물과 친한 친수기( - OH)가 생긴다
3
외벽
광촉매 막
빗물
-OH
-OH
오염물질
친수기( - OH)가 생기면 빗물이 오염물질 아래로 들어간다
4
외벽
광촉매 막
빗물
-OH
-OH
오염물질이 분리되어 간단히 제거된다

# 28 탄산가스를 뿜는 입욕제는 효과가 있을까?

손쉽게 집에서 온천 기분을 낼 수 있는 입욕제. 그 중에서도 이산화탄소를 뿜는 입욕제(탄산 입욕제)는 인기 상품 중 하나입니다. 어떠한 효과가 있을까요?

### 입욕제의 역사

옛날부터 온천은 병이나 상처를 치료하는 데에 이용되어 왔습니다. 또한 약용식물 등을 욕조에 넣는 약탕이 인기가 있었으며 지금도 5월 창포탕(5월 5일 단오절에 창포 잎이나 뿌리를 넣어 끓인 물로 목욕하는 것)이나 12월의 유자탕(동짓날에 유자를 넣어 끓인 물로 목욕하는 것) 등의 풍습이 남아 있습니다.

입욕제가 상품으로 발매된 것은 메이지 시대부터로 몇 가지 생약을 배합한 상품이 판매되기 시작한 것이 그 출발이었다고 합니다.

2차 세계대전 이전까지는 집에 욕실이 있는 가정이 드물어서 입욕제는 대부분 공중목욕탕 등에서 사용되었습니다. 그러다가 1960년대 이후, 고도 경제성장에 따라 집에 욕실을 마련하는 가정이 많아지면서 입욕제의 수요도 비약적으로 증가했습니다.

1980년대에 들어서면서 탄산 입욕제가 판매되어 큰 인기를 끌었습니다. 탄산 입욕제는 온욕 효과가 좋아 피로, 어깨 결림, 요통, 냉증에 효과가 있다고 합니다.

## 탄산 입욕제의 효과와 그 메커니즘

입욕제는 일반적으로 무기염류계, 탄산가스계, 생약계, 효소계, 청량계, 스킨케어계 등 여섯 종류로 분류됩니다.

각 종류에 따라서 온열 효과나 세정 효과, 보습 효과, 혈액순환 촉진 효과 등 기대할 수 있는 효능이 다릅니다. 탄산 입욕제는 주로 혈액순환 촉진을 목적으로 한 입욕제입니다.

탄산 입욕제에서는 이산화탄소가 혈액순환 촉진을 위해 중요한 작용을 합니다. 그 메커니즘은 이렇습니다.

먼저 따뜻한 목욕물에 푼 이산화탄소는 피부를 통해 체내로 흡수됩니다. 이산화탄소가 증가하면 우리 몸은 산소 부족 상태라고 인식합니다. 그래서 열심히 산소를 세포로 보내 이산화탄소를 몸 밖으로 내보내려고 합니다. 그 결과 산소나 이산화탄소를 운반하는 혈액을 다량으로 순환시키려고 혈관을 확장하는 것입니다.

그러면 혈액순환이 좋아져 피부가 빨갛게 됩니다. 또한 전신의 신진대사를 촉진하여 보통 목욕물로 목욕했을 때에 비해서 입욕 후의 체온이 올라간 채로 유지됩니다. 이렇게 이산화탄소는 우리의 혈액순환을 촉진시켜 줍니다.

## 효과적인 입욕제 사용법

그런데 여러분은 탄산 입욕제를 목욕물에 넣은 다음, 얼마나 시간이 지난 뒤에 입욕하나요? 혹시 기포가 보글보글 일기 시작할 때부터 들어가는 분도 계시지 않을까요? 어쩌면 입욕제를 넣은 순간부터 입욕해서, 발생한 기포를 몸에 직접 닿게 하는 것이 기분도 좋고 효과가 더 좋을 것 같은 느낌이 들지도 모르겠네요. 하지만 안타깝게도 이 방법은 효과가 없습니다.

앞서 설명했듯이, 이산화탄소가 체내에 흡수되기 위해서는 이산화탄소가 따뜻한 물에 잘 녹아 있어야 합니다. 그렇기 때문에 이산화탄소의 기포를 직접 몸에 닿게 해도 흡수는 되지 않습니다.

이산화탄소가 따뜻한 물에 용해되는 타이밍은 탄산 입욕제가 기포를 다 낸 다음입니다. 제조업체에 따르면, 기포가 다 나온 뒤, 1~2시간은 이산화탄소의 용해된 상태가 지속된다고 합니다.

또한 이산화탄소 등의 기체는 목욕물의 온도가 높으면 잘 용해되지 않는 성질이 있습니다. 따라서 보통 목욕물보다 낮은 37~38도일 때 입욕하는 것이 효과적입니다. 미지근한 목욕물이 이산화탄소 효과를 높여 몸에 부담을 주지 않고 전신을 따뜻하게 해줍니다.

입욕한 직후의 상태

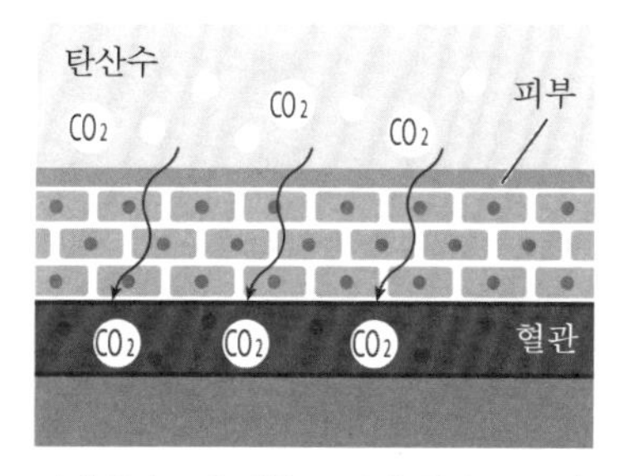


이산화탄소가 피부를 통해 혈관으로 침투하여 '산소 부족!'이라고 오인한다.

입욕하고 나서 몇 분 뒤

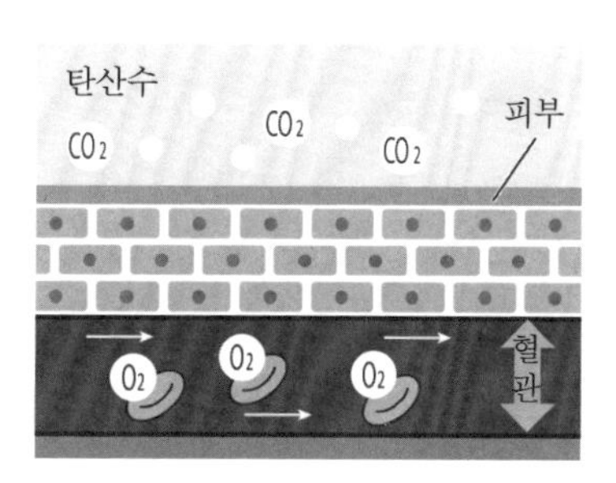


산소를 서둘러 보내기 위해 혈류가 증가하여 혈액순환 촉진 효과를 얻을 수 있다.

### 탄소 농도는 높을수록 효과가 좋다

이산화탄소에 의한 혈액순환 촉진 효과는 그 농도가 높을수록 커진다고 합니다.

실제로 의료 등에서 이용하는 천연 탄산천은 목욕물 1리터에 이산화탄소가 1,000밀리그램(1,000ppm) 이상 녹아 있는 상태로 '고농도 탄산천'이라고 불립니다. 효과가 좋아서 최근에는 고농도 인공 탄산천을 도입하는 시설도 증가하고 있습니다.

참고로 유럽, 특히 독일에서는 탄산천을 '심장의 탕'이라고 하여 순환기 질환과 관련해 건강보험을 적용한 치료의 일환으로 이용하고 있습니다.

안타깝게도 탄산 입욕제를 사용하더라도 탄산천과 같은 농도는 기대할 수 없습니다. 탄산 입욕제의 이산화탄소 농도는 100ppm 미만입니다. 그렇다고 탄산 입욕제가 전혀 효과가 없는 것은 아닙니다.

입욕 타이밍과 목욕물의 온도를 잘 맞추기, 가능한 한 '고농도'라고 표기된 이산화탄소 농도가 높은 입욕제를 선택하기 등을 통해 그 효과를 높일 수 있습니다.

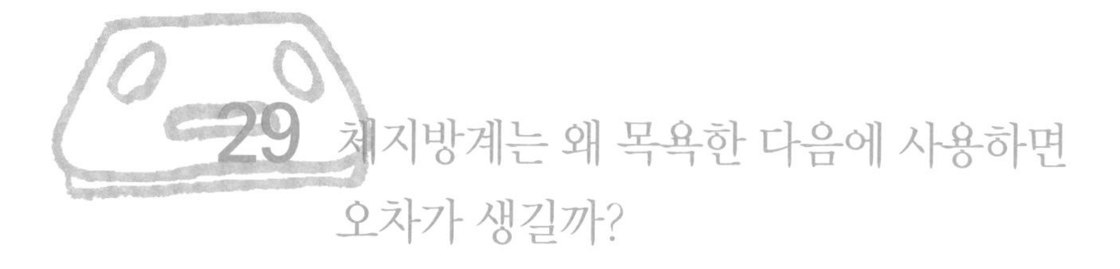

# 29 체지방계는 왜 목욕한 다음에 사용하면 오차가 생길까?

> 예전에 비해서 상당히 정교해진 디지털 체중계나 체지방계. 과연 어떻게 측정을 하는 걸까요? 그리고 그 수치는 믿을 수 있는 것일까요?

### 용수철 방식과 디지털 방식의 차이는?

예전부터 사용되어 온 용수철 체중계는 내장된 용수철의 탄성으로 체중을 측정하는 방식의 기구입니다. 용수철 체중계는 전지가 필요 없지만 가끔 숫자가 0에 오도록 수정을 해줘야 하는 불편이 있었습니다. 가장자리에 올라서면 체중이 적게 표시되기 때문에 학교에서 실시하는 신체검사 때 가장자리에 올라서거나 까치발을 해서 혼나기도 한 사람이 있을 것입니다.

현재 널리 보급된 디지털 체중계는 무게에 의해 생기는 금속 프레임의 왜곡 정도를 검출하여 측정합니다. 프레임에는 로드 셀(load cell, 비틀림을 통해 전기저항이 변화하기 때문에 이 저항의 강도로 무게를 산출할 수 있습니다)이라는 센서가 있으며 이 센서를 통해 얻은 데이터로 마이크로컴퓨터가 무게를 산출합니다. 체중계 중에는 데이터를 기억할 수 있는 기종도 있습니다.

### 지방이나 근육량은 어떻게 측정할까?

최근 나오는 체중계는 계속 진화하여 체지방률이나 근육량을 표시해 주는 것도 있습니다. 이는 체지방계나 체조성계라고 해서 단순히 체중만을 측정하는 체중계와는 다릅니다.

체지방계나 체조성계에는 발바닥이 닿는 곳에 금속제 패드가 있어서 약하게 전류가 흐르고 있습니다. 그리고 흐르는 전기 양과 나온 전기 양의 차(전기저항치)를 측정합니다.

지방은 전기가 잘 통하지 않는 성질이 있습니다. 지방이 적으면 몸속으로 전기가 잘 통하고 지방이 많으면 잘 통하지 않게 됩니다. 이렇게 몸에 흐르는 전류의 흐름을 계측하는 것입니다. 반대로 근육은 전기가 잘 통하는 부위로, 같은 원리로 골격근율을 측정합니다.

체지방계나 체조성계는 사용 전에 개인 정보를 등록하여 성별이나 키를 입력합니다. 이는 성별이나 키를 통해 전류가 흐르는 경로와 저항치를 계산하고 수정하기 때문입니다.

사용 지역을 설정할 수 있는 기종도 있습니다. 체중은 적도에 가까울수록 지구의 자전으로 인해 원심력의 영향을 받아 가벼워지기 때문에, 이러한 지역차를 없애준다는 의미가 있습니다. 예를 들어 홋카이도에서 체중 80킬로그램인 사람이, 적도에 좀 더 가까운 오키나와에서 측정하면 100그램 정도 가벼워집니다.

### 사용해서는 안 되는 사람도 있다!

이처럼 유용한 체지방계나 체조성계이지만 사용해서는 안 되는 사람도 있다는 사실을 알고 계신가요?

약하기는 하지만 사람은 체내에 전류가 흐르기 때문에 심장 페이스메이커(심장에 전기 자극을 주는 장치)에 오작동을 일으킬 위험이 있습니다. 따라서 삽입형 의료기기를 사용하고 있는 사람은 사용하지 말아야 합니다(체중을 계측하는 기능뿐이라면 전류가 흐르지 않으므로 문제 없습니다). 임산부는 사용해도 문제가 없습니다.

### 목욕한 다음에 측정하면?

그런데 여러분은 주로 언제 체중을 재나요? 개운하게 목욕을 마친 다음에 체중을 재는 사람도 적지 않을 것입니다. 하지만 체지방계나 체조성계는 체내의 수분량이나 체온의 영향을 받는 '전기가 잘 통하는 정도'로 계측하기 때문에 목욕을 마친 순간에 체중을 재는 것은 적절하지 않습니다.

사람의 몸에 있는 수분은 하루를 주기로 되풀이되는 일주변동(日周變動)이라고 하여 음식을 먹거나 생활을 하면서 크게 변동합니다. 예를 들어 아침에는 수면하는 동안 흘린 땀 등으로 몸에서 수분이 빠져나가기 때문에 체중은 적게 나가지만 체지방률은 높게 나타납니다. 식후에는 체중이 증가하지만 그 수분 때문에 체지방률은 적게 나오는 등 그 수치가 변동합니다.

제조업체가 추천하는 시간은 저녁식사 전이라고 합니다만, 매번 목욕 전에 측정하는 등, 가능한 한 같은 시간에 매일 측정하는 습관을 들이고 조건을 같이 하여 측정하는 것이 좋습니다.

참고로 기종마다 측정 오차도 있으므로 잠시 방문한 곳에서 측정해 보고 체중이 늘었다, 줄었다 일희일비하는 것은 별 의미가 없습니다. 같은 기기로 계속적으로 측정하는 것이 바람직합니다.

● 체지방계나 체조성계의 정확한 계측을 위한 포인트

1. 식후 2시간을 경과해야 한다.
2. 계측 전에 배뇨, 배변을 마친다.
3. 운동 직후의 계측은 피한다.

4. 탈수나 부종이 있을 경우 계측을 피한다.
5. 기온 저하 때나 저체온일 때 계측을 피한다.
6. 열이 날 때에는 계측을 피한다.
7. 원칙적으로 입욕 직후 계측을 피한다.

# 30 발열 내의는 얇은데도 왜 따뜻할까?

겨울철이 되면 흡습 발열 섬유를 소재로 한 옷이 많은 사랑을 받습니다. 최근에는 얇으면서 따뜻한 소재의 옷이 많이 나왔는데 어떠한 구조로 되어 있을까요?

## 수증기를 흡수해 열을 낸다

11월에서 3월은 웜 비즈(warm biz, 실내 온도를 20도 이하로 유지하는 대신에 옷을 껴입어서 난방 소비를 줄이자는 운동) 기간으로 정착되었지만 너무 껴입어서 둔해 보이는 것은 정말 싫죠? 그래서 얇으면서도 따뜻한 발열 내의가 큰 인기를 끌고 있습니다.

발열 내의는 '흡습 발열 섬유'라는 소재를 이용한 의류입니다. 흡습 발열 섬유란 땀 등의 수분을 흡수하여 발열하는 섬유를 말합니다. 레이온, 아크릴, 폴리에스테르 등의 섬유와 옷감을 조합해 소재로 사용하고 있습니다.

## 기화열과 응축열

인간의 몸에서는 항상 수증기가 발산됩니다. 성인 남성의 경우 피부에서 하루에 0.55리터 정도의 수증기가 나옵니다. 이는 운동할 때나 여름날 더울 때 흘리는 땀과 달리, 자연스럽게 나오는 것이어서 직접 느낄 수는 없습니다.

우리는 몸이 젖으면 시원하게(혹은 춥게) 느낍니다. 몸의 수분이 증발하면서 열을 빼앗아가기 때문입니다. 액체가 기체로 변할 때 주변에서 빼앗는 열을 '기화열'이라고 합니다. 액체가 증발하기 위해서는 열이 필요하고 그 열은 액체 주변에서 빼앗습니다. 젖은 채로 방치하면 감기에 걸리기 쉬운데, 왜냐하면 기화열로 인해 체온이 떨어지기 때문입니다. 이와는 반대로 수증기가 액체로 변할 때에는 주변에 열을 방출합니다. 기체가 액체로 변할 때 방출되는 열을 '응축열'이라고 합니다.

사람의 피부에서 나오는 수증기가 액체로 바뀌면서 열(응축열)을 발생시키는 원리를 이용한 것이 바로 흡습 발열 섬유입니다. 수증기를 흡수하기 쉬워서, 다시 말해 흡습성이 높은 섬유이기 때문에 '흡습성 발열 섬유'라고 하는 것입니다.

발열 내의는 흡습성이 높아서 피부 건조를 야기해 피부가 거칠어지거나 가려워지는 원인이 되기도 합니다. 민감한 피부나 건조한 피부를 가진 사람은 면 등 천연 소재의 속옷을 입는 것이 좋습니다.

또한 잘 마르지 않는 소재이기도 하기 때문에 땀을 많이 흘리는 스포츠웨어로는 적당하지 않습니다.

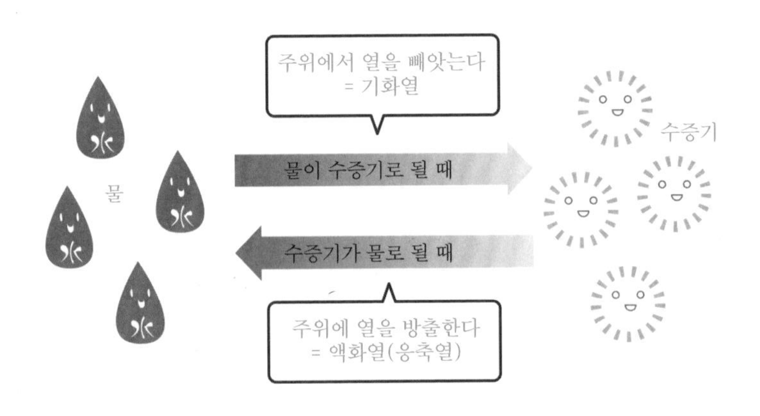

### 보온 효과는 공기가 중요

몸의 열이나 흡습 발열로 따뜻해진 공기는 '유지하는 것(보온)'이 필요합니다. 이를 위해서는 공기가 잘 움직이지 못하게 해야 합니다.

울 스웨터를 예로 들어 설명해 보겠습니다. 울은 열전도율(열이 잘 전해지는 정도)이 낮기 때문에 잘 식지 않고, 가느다란 보풀이 공기를 머금고 있어서 체온을 유지하는 데 효과가 높은 섬유입니다. 그래서 체온으로 따뜻해진 그물망의 공기가 몸을 감싸 바깥 공기를 막아줍니다.

다운코트에 사용되는 오리털이나 새털과 같은 조류의 깃털은 가느다란 섬유의 틈 사이로 공기를 많이 머금고 있습니다. 다운재킷 등은 옷감에 함유된 공기의 비율이 98퍼센트 이상이기 때문에 단열 보온성이 뛰어납니다.

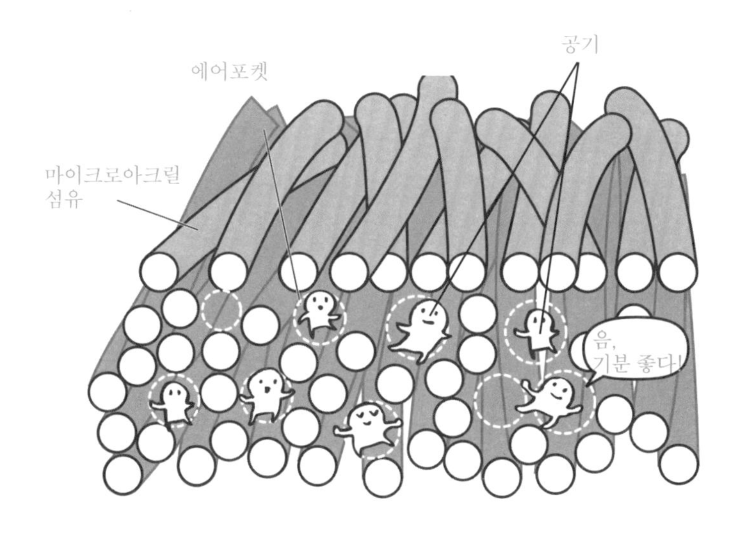


발열 내의는 레이온(피부에 접하는 부분은 면과 같은 감촉이면서 면보다 흡습성이 좋은 레이온을 사용합니다)의 바깥쪽에 극세 가공된 아크릴(마이크

로아크릴)이 배열되어 있습니다. 마이크로아크릴은 머리카락의 10분의 1 정도의 가는 실로 되어 있습니다. 이 마이크로아크릴을 사용함으로써 섬유와 섬유 사이에 생기는 에어포켓(공기층)이 더 커지도록 만들어줍니다. 에어포켓으로 단열 효과를 발휘하고 몸의 열이나 흡습 발열로 만들어진 열을 외부로 빠져나가지 못하게 해줍니다.

이처럼 섬유 제조업체는 계속해서 새로운 소재를 개발하고 진화해가면서 우리의 쾌적한 '웜 비즈'를 도와주고 있습니다.

4장

# '건강, 안전관리'에서 만나는 과학

# 31 자외선은 칼슘 흡수를 돕는다?

자외선은 피부가 거칠어지거나 피부암을 일으킬 우려가 있으므로 유해한 것이라고 여기는 사람이 많을 것입니다. 그러나 꼭 그렇지도 않습니다. 그 장점, 단점을 살펴보겠습니다.

**자외선이란?**

우리는 매일 다양한 빛을 만납니다. 빛 중에는 눈에 보이는 빛(가시광)과 눈에 보이지 않는 빛(불가시광)이 있습니다. 빛은 모두 '전자파'의 일종으로 사람 눈에 보이는 빛은 빨간색부터 보라색까지입니다. 빨간색보다 완만한 전자파와 보라색보다 가는 전자파의 빛은 사람 눈에 보이지 않습니다.

자외선은 보라색보다 더 가는 전자파에 의한 불가시광으로, 맑은 날에는 태양에서 지표로 대량으로 쏟아집니다. 저위도의, 적도에 가까운 지역일수록 대량의 자외선이 쏟아집니다. 자외선은 지구의 대기에 대부분이 흡수되지만 어느 정도는 지표까지 도달하기도 한다는 것을 알게 되었습니다.

자외선은 사람에게 두 가지 효과를 가져다줍니다.

하나는 핵산(생물의 세포에 있는 DNA나 RNA를 말합니다. DNA는 유전자 정보를 담당하는 중요한 물질이며 주로 세포의 핵에 있습니다. RNA는 DNA가 움직일 때에 필요한 물질입니다) 등에 화학 변화를 가져오는 효과입니다. 이는 생물에게 나쁜 영향을 줍니다.

또 하나는 피부 속에서 비타민 D를 생성하는 효과입니다. 이는 사람에게 없어서는 안 되는 것입니다.

이와 같은 자외선의 효과는 다양한 형태로 우리 생활과 관련되어 있습니다.

전자파의 종류

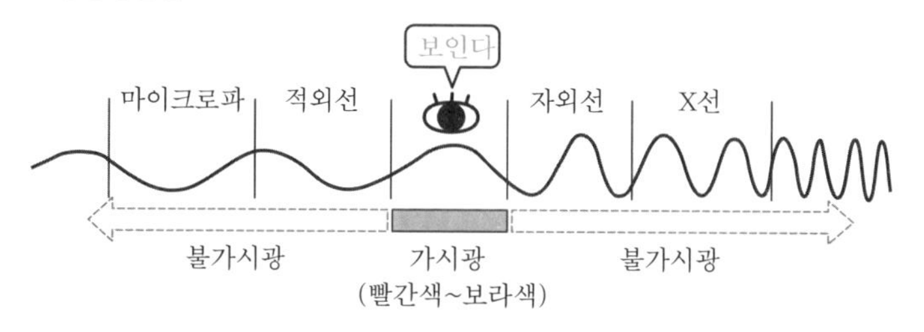


### DNA에 상처를 준다

우리 몸에 있는 물질이 자외선을 흡수하면 본래의 작용을 상실하는 경우가 있습니다. DNA가 자외선을 받으면 DNA에 들어 있는 유전자가 작용을 상실하거나 다른 작용을 하는 등 변해버리는 경우가 있습니다. 소량의 자외선이라면 DNA는 회복이 되어 별다른 문제는 없지만, 양이 많으면 염증을 일으키거나 세포를 죽이기도 하며 암으로 변질되는 등의 영향을 끼친다고 알려져 있습니다. 이러한 의미에서 자외선은 사람에게 위험한 존재입니다.

### 피부가 거칠어지거나 질환을 일으킨다

사람의 피부색을 결정하는 요소 중 하나로 멜라닌 색소가 있습니다. 멜라닌 색소란 피부 표면 가까이 혹은 모발, 눈의 홍채에 들어 있는 짙은 갈색의 색소입니다. 피부나 모발, 눈의 검은 부분이 인종이나 개인에 따라 다른 것은 멜라닌 색소의 양이 다르기 때문입니다.

피부 표면 가까이에 있는 멜라닌은 자외선이 피부 내부로 침투하지 못하게 하는 작용을 합니다.

피부는 자외선을 받으면 자극이 되어 더 많은 멜라닌을 합성해 피부색을 진하게 만듭니다. 이것을 '햇볕에 탄다'고 하지요. 햇볕에 타는 것은 피부 내부로 침투하는 자외선을 줄이는 효과를 가져다줍니다.

햇볕에 타면 또 다른 영향이 나타날 수 있는데 바로 피부가 빨갛게 부어오르는 것입니다. 이것은 자외선으로 인해 피부 아래에 있는 혈관에 염증이 생겨 발생합니다.

또한 피부 내부에 있는 콜라겐 등도 장시간 자외선을 받으면 변화하여 피부 탄력이 저하되거나, 눈 세포가 변질하여 시야가 하얗게 흐려지는 백내장의 원인이 되기도 합니다.

시판되고 있는 자외선 차단제는 자외선을 흡수하거나 반사하여 피부에 닿는 자외선을 줄여주는 효과가 있습니다. 또한 눈에는 선글라스를 끼는 것이 효과적입니다.

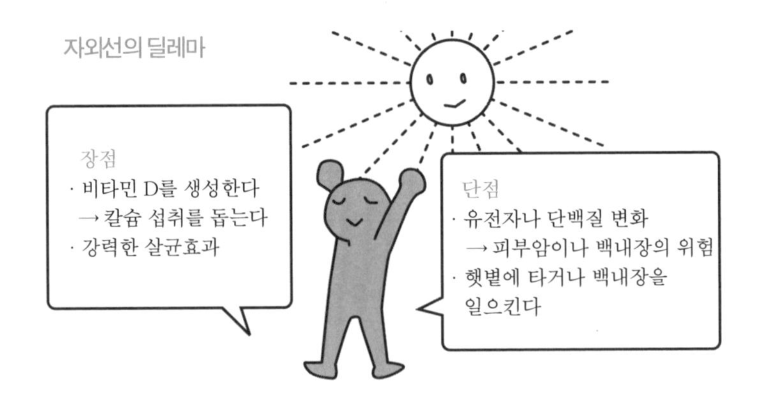


### 비타민 D를 만든다

현대인에게 부족한 경향이 있는 영양소 중 하나로 칼슘을 들 수 있습니다. 칼슘은 비타민 D의 도움으로 체내에 흡수되지만 이 비타민 D

의 생성에 자외선이 큰 역할을 합니다.

우리 피부에 있는 프로비타민 D가 자외선에 의해 비타민 D로 변화합니다. 프로비타민 D는 비타민 D와 아주 비슷한 형태를 하고 있지만 비타민 D의 작용은 하지 못하는 물질입니다. 버섯 등의 식품에 많이 들어가 있고 체내에서 콜레스테롤이 변화해서 생기는 것이 있습니다.

비타민 D는 칼슘이온의 흡수를 촉진하여 혈액 속의 칼슘이온 농도를 높이는 작용이 있습니다. 영유아기에 이것이 부족하면 뼈 형성부전(이른바 '구루병')이나 성인의 경우에는 골다공증의 원인이 되기도 합니다. 다시 말해 뼈를 강하기 하기 위해서는 적당한 일광욕이 필요한 것입니다.

자외선으로부터 비타민 D를 얻기 위해 필요한 일광욕은 하루에 짧은 시간이라도 상관없습니다. 평균적인 식생활을 하고 있는 사람은 양 손의 손등 면적에 15분 동안 햇볕을 쐬거나 그늘에서 30분 동안 지내는 정도로도 충분하다고 합니다.

### 강력한 살균효과를 얻을 수 있다

자외선의 장점은 이 밖에도 또 있습니다. 그것은 바로 강력한 살균효과입니다.

세탁물이나 이불 등을 햇볕에 말림으로써 여기에 부착된 세균의 대부분을 사멸시킬 수 있습니다. 시간은 대략 1시간에서 2시간 정도면 충분한 효과를 얻을 수 있습니다. 태양의 고도가 높고 자외선 양이 많은 12시 전후가 좋습니다.

'자외선은 피부에 나쁘다'고 생각하는 사람이 적지 않지만 일상 속에서 잘 활용할 필요가 있습니다.

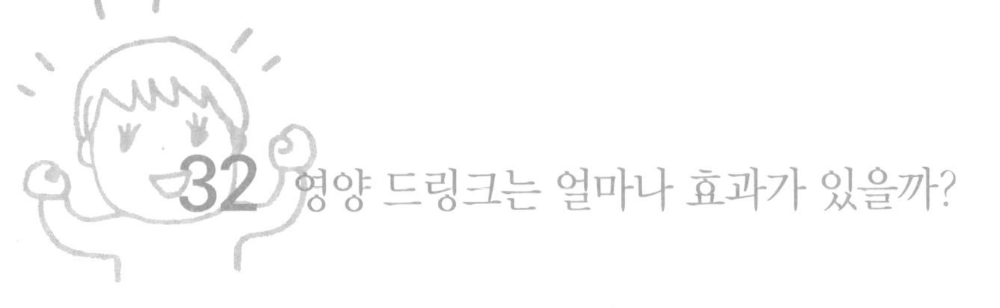

# 32 영양 드링크는 얼마나 효과가 있을까?

> 매일 피로가 쌓여 한계에 이르렀을 때 손을 뻗게 되는 것이 영양 드링크이지 않나요? 많은 종류의 영양 드링크가 판매되고 있는데 이 드링크는 얼마나 효과가 있을까요?

### 영양 드링크, 에너지 드링크

최근에는 편의점에서 다양한 종류의 영양 드링크를 살 수 있습니다. 이러한 영양 드링크에는 '자양강장', '허약체질', '육체피로', '병후 체력저하', '식욕부진', '영양장애' 등의 효능이 적혀 있습니다. 많은 종류가 있어서 선택 장애를 일으키게 하지만 분류하면 크게 두 종류로 나누어볼 수 있습니다.

약사법의 제한을 받는 '의약품계 영양 드링크'와 식품위생법의 규제를 받는 '비의약품계 영양 드링크'로 나눌 수 있습니다. 약사법이란 의약품, 의약부외품, 화장품, 의료기기 등 네 가지에 대해서 안전성과 인체에 대한 유효성을 확보하기 위한 법률입니다. 규제 완화로 편의점에서도 다양한 영양 드링크가 판매되고 있습니다.

여기에서는 '육체피로'과 관련한 영양 드링크에 대해 살펴보겠습니다.

### 영양 드링크에 반드시 함유된 비타민 B군이란?

대부분의 영양 드링크에서 공통적으로 찾을 수 있는 것은 드링크의 색깔이 황색의 형광색이라는 점과 용기의 색깔이 갈색이라는 점입니다. 이는 무엇을 의미하는 것일까요?

먼저 드링크의 성분에 대해 살펴보지요.

모든 영양 드링크에 반드시 함유된 것이 '비타민 B군'입니다. 비타민 B군은 섭취한 당질이나 단백질의 대사를 돕고 에너지를 효율적으로 얻기 위해 필요한 것입니다. 또한 적혈구를 만들기 위해서도 필요합니다. 비타민 B군을 많이 함유한 식품은 간이나 장어입니다. 피로가 쌓였을 때 자주 먹는 식품이므로 납득하실 겁니다.

그럼 왜 영양 드링크 용기의 색깔이 갈색일까요? 사실 비타민 B군은 햇볕에 닿으면 분해되고 맙니다. 그렇기 때문에 빛을 차단하기 위해서 갈색 병에 넣어두는 것입니다.

비타민 B군은 이 밖에도 물에 잘 녹는 성질이 있습니다.

사람이 하루에 필요로 하는 비타민 B군의 양은 수십 밀리그램이지만 영양 드링크를 마시면 과잉 섭취가 되어버리는 경우가 많습니다. 과잉 섭취했다고 해서 부작용이 있는 것은 아니며 물에 잘 녹는 성질 때문에 소변을 통해 몸 밖으로 배출됩니다. 영양 드링크를 마신 다음, 소변 색깔이 더 노랗게 보이는 것은 이 때문입니다.

### 피로를 날려버리는 카페인

"너무 졸려서 커피라도 마셔야겠다!" 이런 경험은 누구나 있을 것입니다. 이는 커피에 들어 있는 카페인의 효과를 기대하는 것입니다. 카페인은 영양 드링크에도 함유되어 있습니다.

매우 익숙한 카페인이지만 주의가 필요하기도 합니다.

어린 시절 난생처음 커피를 마시고 밤에 잠을 자지 못해 뒤척인 경험을 가진 사람도 있을 것입니다. 카페인에는 다양한 작용이 있는데 특히 각성작용, 강심작용, 이뇨작용, 해열진정작용(대부분의 감기약에도 카페인이 함유되어 있는데 이는 해열진정작용을 기대한 것입니다)이 잘 알려져 있습니다.

영양 드링크에는 각성작용이나 강심작용을 기대하면서 카페인을 첨가하고 있습니다. 잠을 쫓거나 의식을 맑게 하거나 흥분시키는 것을 '각성'이라고 합니다. 피로가 쌓인 몸에는 분명 효과가 있습니다. 그러나 이는 약효로 나타나는 현상이며, 극단적으로 말하면 '착각'에 가까운 것이어서 근본적인 개선은 아닙니다.

### 카페인 과잉 섭취의 위험

최근 뉴스에서 "영양 드링크를 지나치게 마셔서 사망한 사람이 있다"는 보도를 접한 적이 있습니다.

여기서 문제가 되는 것은 '카페인'의 섭취량입니다.

영양 드링크를 한 병 마신 정도의 카페인이라면 생명에 크게 지장이 없습니다. 그러나 단시간에 몇 병씩 마시거나 잠을 쫓기 위해 카페인 정제와 영양 드링크를 같이 마신 경우에는 과잉 섭취가 되어 위험합니다.

카페인은 한 번에 1그램 이상 섭취하면 중독증상이 나타난다고 하며 구역질이나 현기증, 심박수가 올라가는 등의 증상을 일으킵니다. 커피 한 잔(200밀리리터)에 포함된 카페인이 120밀리그램 정도이므로 이는 8잔을 벌컥벌컥 마신 양입니다. 또한 카페인 정제에는 커피의 몇 배나 되는 카페인이 함유되어 있는 것도 있으므로 주의가 필요합니다.

좀처럼 쉬지 못하고 매일매일을 보내야 하는 사람도 많겠지만 영양 드링크에 너무 의지하지 말고 가능한 한 휴식을 취하고 체력을 회복하는 것이 바람직하다는 것은 더 이상 말이 필요 없겠지요?

카페인을 함유한 주요 제품과 음료

| | 1정 혹은 1병 당 카페인의 양 | | 카페인 1그램 상당 양 |
|---|---|---|---|
| ▼ 졸음 방지약(제3류 의약품) | | | |
| 토메르민 | | 167mg | 6정 |
| 에스타론모카 정 | | 100mg | 10정 |
| ▼ 졸음 쫓는 드링크(청량음료) | | | |
| 강강타파(50mL) | | 150mg | 6.7정 |
| 메카샤키(100mL) | | 100mg | 10정 |
| ▼ 에너지 드링크 | | | |
| 몬스타에나지(355mL) | | 142mg | 7정 |
| 렛도부루(185mL) | | 80mg | 12.5정 |
| ▼ 기호음료(200mL) | | | |
| 커피 | | 120mg | 1.7L |
| 녹차 | | 40mg | 15L |

카페인 양은 제품의 첨부설명서, 성분표 등을 참조

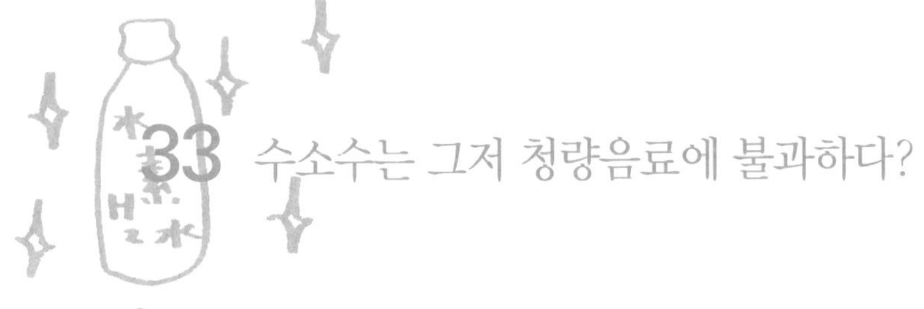

# 33 수소수는 그저 청량음료에 불과하다?

> 수소수는 "대사증후군에 효과적이다", "다이어트 효과가 있다", "기미나 주름 개선에 좋다" 등의 이야기가 있는데, 정말 효과가 있는 것일까요?

### 수소를 물에 녹인 수소수

수소 분자(수소 분자는 원자 중에서도 아주 가볍고 작은 수소원자 2개가 결합된 기체입니다. 수소수에 녹아 있는 수소 분자는 시간이 지나면서 공기 중으로 날아가기 쉬운 특징이 있습니다)로 만들어진 수소 가스를 물에 녹인 것이 수소수입니다. 수소는 아연이나 철에 열은 염산을 첨가하면 발생하는 기체입니다.

수소는 기체 중에서 가장 가볍고, 공기 중에서 연소해 물이 되며, 물에 잘 녹지 않는 성질을 가지고 있습니다. 그렇게 때문에 수소수에는 수소가 조금밖에 녹아 있지 않습니다.

수소수가 주목을 받은 것은 "수소 가스가 유해한 활성산소를 효율적으로 제거한다"는 연구 결과가 발표되었기 때문입니다.

쥐를 이용한 연구 결과, 수소 가스가 활성산소 중에서 가장 강력하게 작용하는 것만을 제거한다고 합니다.

수소를 섭취하려면 수소 가스를 흡입하는 방법이 있지만, 물에 녹이는 형태가 간단하다고 판단한 대기업 음료 제조업체에서 수소수를 판매하면서 화제가 되었습니다.

### 유효성을 보여주는 데이터가 없다

국립 건강 · 영양연구소는 자신들의 웹사이트에서 '건강식품의 소재 정보 데이터베이스'를 제공하고 있습니다. 현 시점에서 얻을 수 있는, 과학적 근거가 있는 안전성 · 유효성을 모아놓은 것입니다. 이 데이터베이스에 2016년 6월 10일에 '수소수'도 실렸습니다.

여기에 실린 개요가 현 단계에서는 수소수와 건강에 대한 적확한 평가입니다. 현재로서는 항간에 떠도는 "활성산소를 제거한다", "암을 예방한다", "다이어트에 효과가 있다" 등의 정보가 인체에 유효하고 신뢰할 수 있는 것인지에 대해서는 충분한 데이터가 없습니다.

### 어디까지나 수분 보충의 선택지

식재료나 식품의 건강 효과를 강조하는 것을 의약품의료기기법 등에서 금지하고 있습니다. 특정 보건용 식품이나 기능성 표시 식품이라면 어느 정도는 가능하지만, 수소수는 청량음료수입니다. 그렇기 때문에 효과와 효능을 내세울 수 없습니다.

예를 들어 수소수를 판매하고 있는 기업의 웹사이트에는 수소수에 대한 Q&A가 게재되어 있습니다. 그 중 하나는 다음과 같은 내용입니다.

Q : 왜 수소수를 판매하나요?

A : 수분 보충을 위한 하나의 선택지로서 판매하고 있습니다.

이처럼 기업은 수소수의 효과와 효능을 내세우지 않고 단지 청량음료수에 불과하다는 것을 잘 알고 있는 것입니다.

국민생활센터는 수소수에 대해 위법으로 보이는 표시나 광고가 눈에 띄면 주의를 환기시키고 있습니다. 금지된 건강 효과를 내세우는 제품뿐만이 아니라 수소 자체가 아예 검출되지 않은 제품도 있었다고 합니다.

### 수소는 체내에서 다량으로 만들어진다

본래 우리 체내에서는 일상적으로 수소가 다량으로 만들어지고 있습니다. 바로 대장에 있는 수소 생산균이 수소를 만들고 있습니다.

대장 내 장내세균에 의해 발생하는 가스는 매일 7~10리터나 됩니다. 방귀로 외부로 나오는 것 이외의 대부분은 체내에 흡수되어 혈액 순환과 함께 움직입니다. 그 중에 수소는 적어도 1리터 이상 있을 것입니다.

수소수 1리터를 마셔서 섭취할 수 있는 수소는 기껏 수십 밀리리터입니다. 체내에서 만들어지는 수소 양이 수소수를 마시는 것보다 훨씬 많은 것입니다.

참고로 방귀는 하루에 약 400밀리리터에서 2리터 정도까지 나온다고 합니다. 방귀에는 수소가 10~20%나 포함되어 있습니다. 방귀의 성분 중에서 질소 다음으로 많습니다.

# 34 살충제나 벌레 쫓는 스프레이는 사람에게 해가 없을까?

살충제나 방충제, 벌레 쫓는 스프레이 등은 편리하고 효과적이지만, 인체에 해는 없는지 걱정되는 부분도 있습니다. 안전성이나 주의할 점을 알아봅시다.

## 살충제, 방충제, 농약은 다르다

해충(주로 곤충)을 죽이기 위한 약 가운데 농작물에 사용되는 것을 농약, 파리나 바퀴벌레 등의 해충(위생해충)을 박멸하는 것을 살충제(방역용 살충제)라고 합니다. 농약은 효과가 강력한 만큼 유해성도 높다는 것이 특징입니다. 또한 방충제란 해충을 피하기 위해 사용하는 약제로 주로 의류의 좀 방지를 위해 사용합니다.

## 농약의 성분

농약으로 제2차 세계대전 후에 널리 사용된 것은 유기염소제였습니다. 독성이 강해 1970년대까지 대부분 사용이 금지되었습니다. 환경농약으로서 널리 사용되고 있는 것은 유기인제로 신경의 전달을 방해하는 작용이 있는 약입니다.

인체에 미치는 영향도 있어서 살포할 때에는 마스크나 장갑을 착용해야 합니다. 하지만 비교적 분해가 빠르기 때문에 출하 시에 농도가 충분히 떨어지도록 계산해서 사용하고 있습니다.

### 살충제를 마셔도 몸 밖으로 배출된다

가정용 살충제에 주로 사용되는 것은 방충제의 성분을 바탕으로 개발된 피레트로이드 제(모기향, 살충 스프레이 등)라는 것입니다.

살충제는 벌레가 즉사할 정도의 강력한 효과를 보이므로 사람이나 가축, 애완동물에게도 영향을 끼칠 것 같습니다. 그러나 포유류는 체내에 피레트로이드를 분해하는 효소를 가지고 있어서 살충제가 체내에 들어오면 빠르게 분해하여 몸 밖으로 배출합니다. 다만 파충류나 어류 등의 애완동물에게는 해가 될 수 있으므로 주의해야 합니다.

의류의 방충제로 사용되는 것은 장뇌(녹나무를 원료로 한 정유. 벌레가 싫어하는 냄새를 풍기는 한편, 진통작용이나 청량감을 주는 작용도 있어서 아로마나 방향제, 캠퍼제 등으로도 사용됩니다), 나프탈렌, 파라디클로로벤젠 등입니다. 모두 강한 냄새를 갖고 있어서 잘못 먹거나 하는 경우는 드물지만 만약 먹게 된다면 위험합니다. 아이들의 손이 닿지 않는 곳에 보관해야 합니다.

### 세 종류의 벌레 쫓는 스프레이와 유효성

대부분의 벌레 쫓는 스프레이에는 '디트'라고 하는 성분이 사용됩니다. 디트는 원래 미군이 개발한 것으로 정글전에서 말라리아의 감염을 예방하기 위해 사용된 벌레 쫓는 성분입니다.

시판되고 있는 벌레 쫓는 스프레이는 디트의 농도가 5% 전후인 것이 많았는데 최근에는 12~30%의 농도가 진한 제품도 판매되고 있습니다. 농도가 진한 디트 제품은 보통 벌레 쫓는 약이 듣지 않는 빈대, 참진드기, 털진드기 등에도 효과적입니다.

디트가 벌레 쫓는 데에 탁월한 효과를 발휘하는 것은 성분이 모기와 같은 해충의 촉각을 마비시킴으로써 사람을 흡혈 대상으로 인지하지 못하게 하기 때문입니다. 디트는 살충제가 아니라 해충이 접근하지 못하게 하는 기피제라는 것이 특징입니다.

다만 디트는 자극성이 강하고 장시간 연속해서 사용하면 피부염을 일으키기도 합니다. 어린이에게 사용할 때에는 농도가 낮은 것을 선택하고 에어졸(가스를 사용하여 연무상태로 뿜어 사용하는 제품. 사용할 때 숨을 참을 수 없는 어린이가 약품을 들이마시는 경우가 있습니다)은 사용하지 말아야 하며 어른이 먼저 손에 묻힌 다음 어린이의 피부에 발라주는 등의 방법으로 사용하도록 합시다.

2016년부터는 자극성이 낮은 이카리딘(피카리딘)이라는 새로운 약제도 발매되었습니다. 어린 자녀들에게는 이 제품을 사용하는 것이 좋을 듯합니다.

또한 벌레 쫓는 약제에는 아로마를 사용한 천연성분으로 만든 것도 있습니다. 벌레 쫓는 약제로 사용하는 아로마 오일(에센셜 오일)은, 식물이 해충으로부터 자기 몸을 지키기 위해 체내에서 만드는 '벌레가 싫어하는 향'의 성분에서 추출한 것입니다. 유효 성분은 시트랄이나 시트로넬랄이 잘 알려져 있는데, 모기나 진드기 등의 해충에는 효과가 없는 제품도 있으므로 주의가 필요합니다.

벌레 쫓는 제품의 포장에는 그 대상이 되는 벌레나 효과가 표시되어 있으니 잘 확인하고 구입하세요.

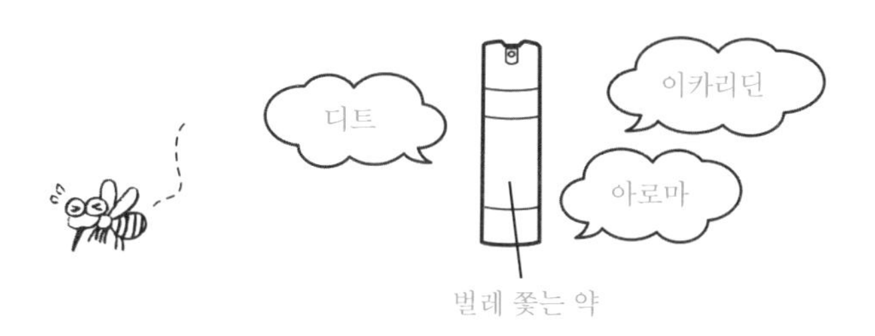

# 35 세정제를 섞으면 위험하다?

> 가정용 세제나 표백제에 "섞지 마시오. 위험"이라고 표시된 것을 발견할 수 있습니다. 이는 어떤 제품인 것일까요? 또한 어떠한 위험이 있는 것일까요?

**'섞으면 위험' 표시가 붙은 세정제란?**

가정용 '세제'는 일상생활의 다양한 곳에서 활용되어 우리 생활을 쾌적하고 청결하게 유지해 주는 역할을 담당하고 있습니다. 세제에는 알칼리성 · 중성 · 산성이, 표백제에는 산소계 · 염소계가 있습니다. 화학적 작용에 의한 세제를 '세정제'라고 하며 표백제는 세정제 중 하나입니다.

현재 가정용 세제 · 표백제에는 "섞지 마시오. 위험"이라는 표시가 붙어 있지요. 이 표시는 1987년에 발생한 사고를 계기로 반드시 붙이도록 하고 있습니다.

한 가정주부가 화장실 안에서 염산이 함유된 세정제를 사용할 때 염소계 표백제도 함께 사용했다고 합니다. 두 가지의 약품을 섞은 결과, 좁은 화장실 안에서 위험한 염소 가스가 대량으로 발생하여 안타깝게도 이 가정주부는 사망을 하고 말았습니다.

사고 이듬해부터 "섞지 마시오. 위험"이라는 표시 첨부가 제조업체에게 의무화되었는데, 이후에도 종종 이와 같은 사고가 보고되고 있습니다. 2016년에는 한 초등학교의 수영장 기계실에서 염소가 발생하는 사고가 일어났습니다. 이는 수영장의 소독 · 살균제 용기에 실수로 응집제를 넣었기 때문입니다. 응집제는 산성이기 때문에 염소가 발생하고 말았던 것입니다.

### 어떤 조합이 위험한 걸까?

그러면 표백제와 세정제는 어떠한 조합으로 만나면 위험해지는 것일까요?

염소계 표백제에는 염소화합물인 차아염소산나트륨이 함유되어 있습니다. 차아염소산나트륨은 불안정한 물질로 연소가 발생하기 쉬운 성질을 가지고 있습니다. 보통은 안정시키기 위해서 알칼리성을 유지합니다.

염소계 표백제는 표백하는 물질과 접촉하면 천천히 염소를 방출하며 대상 물질이 이 작용으로 표백되는 것입니다.

그런데 여기에 산을 섞으면 한꺼번에 염소가 발생하고 맙니다. 위 가정주부 사고의 경우는 세정제에 함유된 염산과 표백제의 차아염소산나트륨이 반응하여 짧은 시간에 다량의 염소가 발생했던 것입니다. 염소에는 강한 살균력이 있어서 우리 주변의 수돗물이나 수영장의 소독에 사용되고 있습니다. 예전에 수돗물에서 '석회 냄새가 난다'는 말이 있었는데 이 냄새의 근원이 차아염소산나트륨입니다.

이처럼 염산 등의 산성 물질과 염소계 표백제를 혼합하면 염소가 발생합니다. 시트르산 · 아세트산 등 우리 주변에 있는 산에서도 이와 똑같은 반응이 일어납니다.

염소계인 표백제와 산성인 세정제(염산을 함유한 것뿐만 아니라 시트르산 · 아세트산 등의 산을 함유한 것 모두)는 절대로 섞어서 사용해서는 안 됩니다. 동시에 사용하지 않아야 할 뿐 아니라 나중에 덧뿌리는 것도 엄격히 금해야 합니다. 각각 단독으로 사용해야 합니다.

또한 싱크대의 미끈미끈함을 제거하기 위해 사용하는 정제도 단독으로 사용해야 합니다. 이 정제는 염소계 약품이지만 산성 · 알칼리성 어느 약품과 혼합되어도 염소를 발생시키기 때문에 주의가 필요합니다.

### 실제로 섞어보니?

염산을 함유한 화장실용 세정제에 염소계 표백제를 섞어보는 실험을 실제로 해보았습니다.

염소의 발생 상태를 알기 위해 통풍이 잘 되는 넓은 야외에서 실험을 실시했습니다. 섞는 약제의 양은 각각 약 10밀리리터 정도의 극히 소량이었습니다. 염소의 검출은 요오드화 칼륨 녹말지를 사용했습니다. 이 시험지는 색의 농도로 염소의 농도를 알 수 있도록 만든 것입니다.

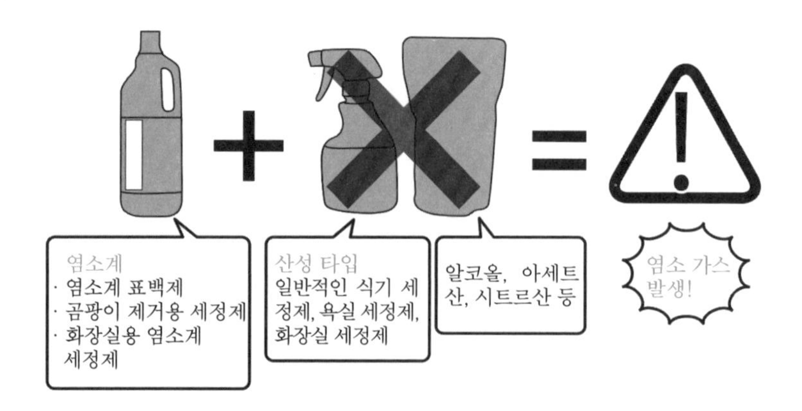


실험을 해보니 15초 만에 검출지가 파랗게 변했습니다. 점점 색이 진해졌으며 2분 만에 완전히 진한 색으로 변했습니다. 섞어서는 안 되는 약품을 섞으면 그 즉시 염소가 발생하여 매우 위험하다는 것을 잘 알 수 있었습니다.

또한 두말 할 필요도 없지만 이 실험은 매우 위험하므로 절대로 따라해서는 안 됩니다.

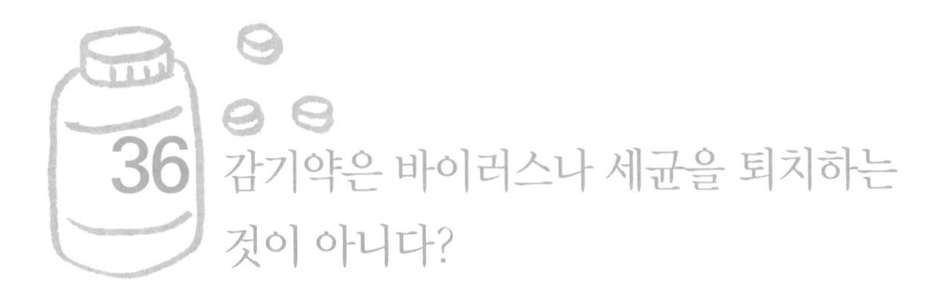

# 36 감기약은 바이러스나 세균을 퇴치하는 것이 아니다?

> '감기약'으로 약국에서 판매되는 약은 종합감기약입니다. 이 약과 병원에서 처방받는 약이나 백신에는 어떠한 효과 및 차이가 있을까요?

### '감기'라는 병은 존재하지 않는다

본래 감기라는 것은 무엇일까요? 감기란 기침, 콧물, 발열, 권태감 등의 증상을 보이는 급성 호흡기 질환으로 보통 감기는 '감기', 유행성 감기는 '인플루엔자(독감)'를 말합니다. 사실 '감기'라는 '병'은 존재하지 않습니다. 감기의 정식 명칭은 '감기 증후군'이라고 해서 증상을 조합해 만든 명칭입니다.

의사의 진료기록부에는 증상에 따라 '급성 비인두염', '급성 인두염', '상기도염'과 같은 용어로 기록됩니다. 이는 어디까지나 증상을 말하는 것이며 감기의 원인은 아데노바이러스, 콕사키바이러스, 그리고 인플루엔자 바이러스와 같은 여러 바이러스인 경우가 많다고 알려져 있습니다. 그러나 일반인들은 세균의 감염증상과 구별하기가 쉽지 않아서 주의가 필요합니다.

### 감기약은 대증요법에 불과하다

약국에서 파는 종합감기약은 다음의 그림처럼 여러 가지 효과를 가진 약이 배합되어 있습니다. 모두 증상을 완화하는 '대증요법'으로 근본적인 원인인 바이러스나 세균을 퇴치하는 것이 아닙니다. 대증요법이란, 병의 원인을 찾아 없애기 곤란한 상황에서, 겉으로 나타난 병의 증상에 대응하여 처치를 하는 치료법을 말합니다.

종합감기약의 실체

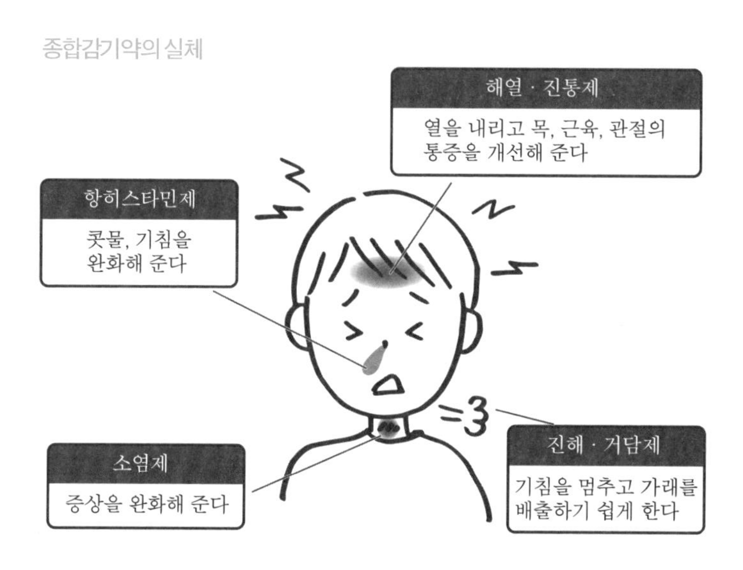


병원에서는 증상을 보고 혹은 바이러스나 세균의 신속한 검사를 통해 병의 원인인 바이러스나 세균을 알게 되는 경우가 있습니다. 원인이 세균이라면 세균 증식을 막는 항생물질을 처방합니다. 용연균(A군 β용혈성 연쇄구균)의 감염병에는 페니실린계 항생물질(항균제)이나 제3세대 세펨계 항생물질, 마이코플라즈마 감염증일 경우 마크롤라이드계 항생물질을 처방합니다.

세균은 스스로 증식하기 때문에 이를 막을 수 있는 항생물질로 증상을 완화하여 병을 고칠 수 있습니다.

또한 항생물질을 처방받았을 경우에는 정해진 양과 횟수를 지켜 다 복용하도록 합니다. 증상이 나아졌다고 해서 도중에 복용을 하지 않으면 뒤에 언급하겠지만 내성균이 생기는 결과를 초래합니다.

### 항생물질은 바이러스에 효과가 없다

이에 반해 바이러스는 우리 몸의 세포 속에 자신의 유전물질(DNA나 RNA)을 보내 자기 복제를 만들게 하여 증식합니다. 그러므로 기본적으로 바이러스에게는 항생물질이 효과가 없습니다. 예전에는 감기에 걸려 병원에 가면 항생물질을 처방받는 경우가 자주 있었습니다. 그 이유는 증상이 악화하여 세균에 의한 폐렴에 걸리는 것을 우려했기 때문이라는 것과 원인이 바이러스가 아니었을 경우를 대비한 예방적 처방을 했기 때문이라고 합니다.

그러나 백신을 맞으면 감염을 막아주어 증상을 완화하는 데에 효과적입니다. 또한 특정 바이러스에 효과적인 항바이러스제도 개발되기 시작했습니다. 인플루엔자에 사용하는 타미플루나 리렌자가 유명합니다.

종합감기약으로 증상을 완화하는 것만으로는 근본적인 해결을 하지 못합니다. 무리해서 밖을 돌아다니면 감염을 퍼뜨리는 원인이 되기도 합니다. 먼저 백신 등으로 병을 예방하고 만일의 경우 나빠지면 병원에 가서 제대로 진단을 받아보고 휴식을 취해야 합니다.

### 약제 내성균에 주의!!

현재는 안이한 항생물질 투여는 많이 줄었습니다. 후생노동성에서도 가벼운 감기나 설사 환자에게 실시하는 항생물질 투여를 조심하도록 권고하고 있습니다. 항생물질을 지나치게 사용하면 약효가 없거나 잘 듣지 않는 '약제 내성균'이 증식하여 결국에는 치료에 효과가 있는 항생물질이 없어질 가능성이 있기 때문입니다.

약제 내성균은 임질과 같은 성병에서부터 우리 주변의 세균에 이르기까지 곳곳에서 확인되고 있어서, 황색포도구균, 녹농균과 같은 세균에 효과적인 항생물질이 만에 하나 사라져버리면 수술이나 상처로 인해 사망하는 사람이 크게 늘어날 가능성이 있습니다.

후생노동성은 이대로 아무런 대책을 취하지 않으면 2050년에 약제 내성균으로 인해 세계에서 연간 1,000만 명이나 되는 사람들이 사망할 것이라고 예측했습니다. 약이나 의료를 효율적으로 이용해야 합니다.

# 37 봄에 인플루엔자가 유행하는 이유는?

겨울에 크게 유행하는 인플루엔자도 봄이 되면 괜찮다고 여기는 사람이 많을지도 모릅니다. 하지만 실제로는 그렇지 않습니다. 왜 그럴까요?

### 인플루엔자 바이러스란?

인플루엔자는 인플루엔자 바이러스가 일으키는 병입니다. 그런데 바이러스는 스스로 증식을 하지 못합니다. 그러면 어떻게 증식하는 것일까요?

바이러스는 다른 생물의 세포로 파고들어가 세포에 바이러스 자신의 복제를 많이 만들게 하면서 증식해 갑니다. 세포 안에 생긴 복제된 바이러스는 다시 옆에 있는 세포로 파고들어가 자기 복제를 시작합니다. 이러한 과정을 반복하면서 바이러스는 증식해 가는 것입니다.

이것이 '인플루엔자에 걸렸다'고 하는 상태입니다.

바꾸어 말하면 생물의 세포로 침투하지 못하면 바이러스는 증식을 할 수 없습니다. 겨울에는 바이러스가 생물의 세포로 침투할 수 있는 기회가 많아지기 때문에 인플루엔자가 유행하는 것입니다.

### 왜 겨울에 유행할까?

겨울은 기온이 낮고 공기가 건조합니다. 인플루엔자 바이러스는 기온과 습도가 낮으면 활성화되기 쉽다는 특징이 있습니다. 겨울의 기후는 인플루엔자에게 정말 꼭 알맞은 조건을 제공해 주는 것이지요.

또한 공기가 건조하면 기침을 했을 때 입에서 튀어나오는 비말(침이나 분비물)이 건조합니다. 건조한 바이러스는 가볍기 때문에 장시간 공기 중을 떠돌아 감염을 확산시킬 가능성도 지적하지 않을 수 없습니다. 공기 감염은 2009년의 신형 인플루엔자(신종플루)가 유행했을 때 크게 화제가 되었습니다. 그러나 공기 감염이 어느 정도 발생하고 있는지 아직 그 실체를 알지 못합니다. 현재 연구자 대부분은 공기 감염에 대해 부정적입니다.

우리 인간이 가진 문제도 있습니다. 공기가 건조해지면 목의 점막이 통증을 느낍니다. 이물질로부터 우리 몸을 지키려는 기능이 떨어지기 때문에 이를 통해서 인플루엔자 바이러스가 세포로 침투해 들어오기 쉬워집니다.

게다가 겨울은 기온이 내려가기 때문에 체력이 떨어지는 경향을 보입니다. 그래서 면역력이 떨어져 바이러스로부터 우리 몸을 지키는 데 한계를 보이는 경우가 많습니다.

### 바이러스로부터 우리 몸을 지키는 구조

바이러스는 그 종류에 따라 어떤 생물의 어느 세포로 침투할 수 있는지 정해져 있습니다. 예를 들어 인플루엔자 바이러스는 우리 목에 있는 세포를 통해 침투합니다.

그렇지만 우리 몸은 외부의 적으로부터 우리 몸을 지키려는 구조를 다양하게 마련해 놓고 있어서 그리 간단히 침투할 수 있는 것은 아닙니다. 바이러스가 목에 침투하면 우리 몸은 바이러스를 밖으로 내보려고 기침을 합니다. 코로 침투하면 바이러스를 씻어내 보려고 콧물을 흘립니다. 기침이나 재채기, 콧물과 같은 증상은 우리 몸 안으로 들어오려는 바이러스 등을 내보내기 위한 수단인 것입니다.

이런 바이러스를 몸 밖으로 내쫓는 데 성공하면 좋겠지만 실패하면 우리 몸 세포 속으로 침투해 버립니다. 그렇더라도 우리 몸은 바이러스와 싸우는 기능인 면역 체계를 가지고 있어서 여기서 바이러스의 증식을 막아내는 경우도 있습니다.

안타깝게도 바이러스가 증식해 버리면 고열이 납니다. 이것도 면역 기능 중 하나입니다. 바이러스의 활성화를 억제하고 우리 몸의 면역 세포를 활성화시키기 위해 고열을 내는 것입니다.

인플루엔자 바이러스는 목으로 침투한다

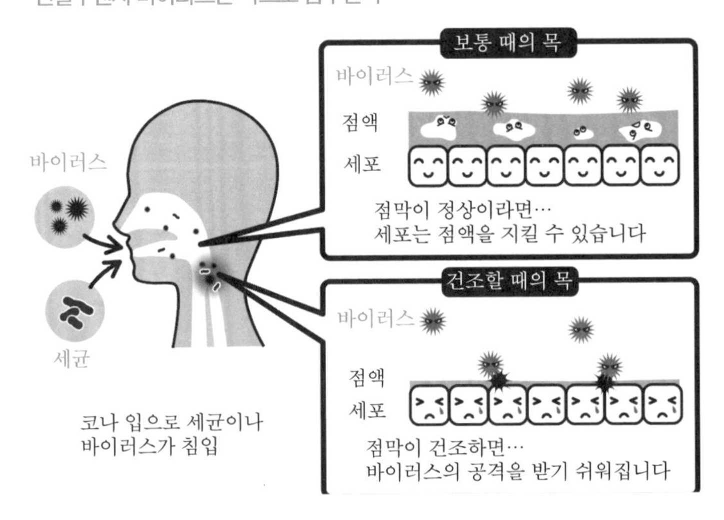


### '봄 인플루엔자'에는 B형이 많다

그런데 인플루엔자 바이러스에는 주로 'A형'과 'B형'이 있습니다. A형은 11~3월, B형은 1~4월에 유행하는 경우가 많습니다. 보통 B형 인플루엔자의 유행은 A형보다 조금 늦게 시작됩니다. B형은 유행하지 않는 해도 있습니다. 또한 인플루엔자에는 C형도 있습니다. 증상이 그리 심하지 않기 때문에 중요시되지 않고 있습니다.

B형 인플루엔자에 감염되었을 경우의 증상도 기본적으로는 A형과 크게 다르지 않습니다. 그러나 A형에 비해 고열이 별로 없고 위장 증상이 심하게 나타나는 경향이 있습니다. 또한 A형 정도로 감염력이 강하지 않아서 국지적인 유행으로 그치는 경우도 많습니다.

일반적으로 생각하는 인플루엔자의 유행기는 A형 인플루엔자가 유행하는 것입니다. 그러므로 B형에 감염되어 고열이 나지 않은 경우에는 전혀 눈치를 채지 못한 채 인플루엔자에 걸리는 경우도 있습니다. 물론 그런 경우에는 주변에까지 감염시킬 수 있습니다.

또한 인플루엔자 백신의 효과는 5개월 정도여서 이른 시기에 예방접종을 한 사람은 봄에 그 효과가 떨어졌을 가능성이 있습니다. 이 시기는 봄부터 시작되는 새로운 생활이나 꽃가루 알레르기로 체력이 떨어지는 시기이기도 합니다. 봄이 되어도 인플루엔자를 조심해야 합니다.

### 인플루엔자로부터 우리 몸을 지키려면

인플루엔자 대책은 일반적인 감염증과 별반 다르지 않습니다. 먼저 손 씻기와 양치질에 신경을 써야 합니다. 특히 비누로 손을 자주 씻는 것이 좋습니다. 바이러스가 있는 부분을 손으로 만지고 그 다음 그 손으로 얼굴을 만져서 감염되는 경우가 많기 때문입니다. 가능하면 얼굴을 씻으면 좋다는 연구자도 있을 정도입니다. 또한 감염 방지와 목의 건조 방지를 위해서 마스크를 활용하는 것도 좋습니다. 가습기 등으로 실내 습도를 잘 조절하는 것도 효과적입니다.

한 가지 방법만이 아니라 여러 가지 방법을 잘 활용하면서 예방을 하는 것이 좋습니다.

# 38 정전기의 찌릿함을 방지하는 방법은 없을까?

> 겨울에 건조할 때 방문 손잡이나 차 문을 만지는 순간 '찌릿'해서 깜짝 놀라는 경우가 있습니다. 어떻게 하면 이처럼 불쾌한 정전기를 방지할 수 있을까요?

### 정전기가 발생하는 이유

모든 물질은 원자로 이루어져 있습니다.

원자의 중심에는 플러스(+) 전기를 가진 원자핵이라는 입자가 있습니다. 원자핵 주변에는 양자나 중성자보다 훨씬 작고 가벼운, '전자'라는 마이너스(-) 전기를 가진 입자가 있습니다.

양자 1개를 가지고 있는 플러스 전기와 전자 1개를 가지고 있는 마이너스 전기는 합치면 제로가 되어 전체적으로 원자는 전기를 가지고 있지 않은 셈이 됩니다.

두 가지 물질을 문지르거나 만지면 물질 안의 원자에 있는 전자가 튀어나오거나 상대 물질로 들어갑니다. 이때 원자핵의 양자는 움직이지 않고 그대로 있습니다.

그러면 전자를 받은 쪽은 마이너스의 전기가 많아지기 때문에 마이너스 전기를 띠게 됩니다. 이를 '대전(帶電)'이라고 합니다.

반대로 전자를 준 쪽은 마이너스 전기가 적어지기 때문에 플러스 전기를 띠게 됩니다.

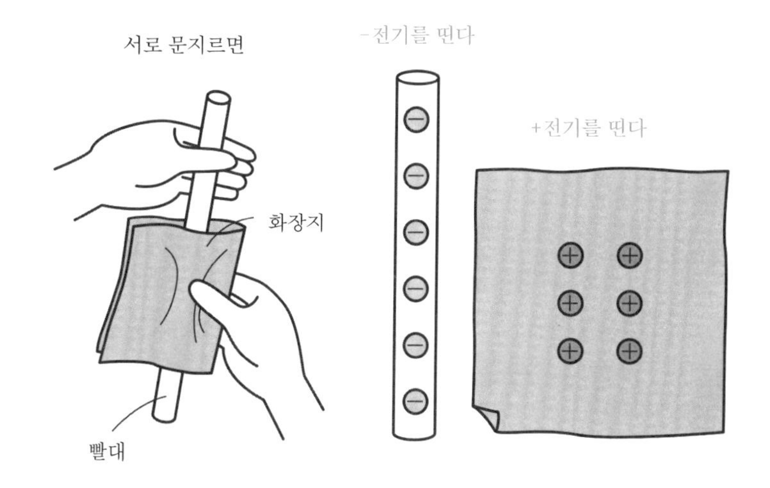


### 겨울철 건조할 때의 정전기

전기를 띤 물질도 공기 중에 습기가 있으면 가지고 있던 전기가 공기 중으로 빠져나갑니다. 이를 '방전(放電)'이라고 합니다. 전기가 흐르는 물질이라면 방전하기 쉬운 곳으로 여기저기 전기가 움직여서 점점 방전되어 갑니다.

그러나 전기가 흐르지 않는 물질(절연체)의 경우에는 그렇지 않습니다. 전기가 축적되기만 할 뿐 움직이지 않습니다. 건조한 겨울에 정전기가 축적되기 쉬운 것은 잘 방전되지 않기 때문입니다. 상대 습도가 낮아져 물질 표면의 물기가 없어지면 방전이 잘 되지 않아 전기를 띠기 쉬워지는 것입니다. 이러한 방전 상태에서는 전압이 높아도 전류가 미미해 감전되어 죽을 염려는 없지만 아픔과 불쾌함을 남깁니다.

이처럼 건조한 상태일 때에 사람이 마루 위를 걸으면 마루와의 마찰로 사람에게는 2만 볼트나 되는 정전기가 발생하기도 합니다.

문의 손잡이는 문과 연결되어 있고 더불어 금속이나 나무 등과 연결되어 있어 대지에 접지된 경우가 대부분입니다. 이런 경우 문의 손잡이는 0볼트입니다. 이 손잡이를 2만 볼트의 정전기를 띤 사람이 잡기 때문에 방전이 일어납니다.

손과 문 손잡이의 방전 모습

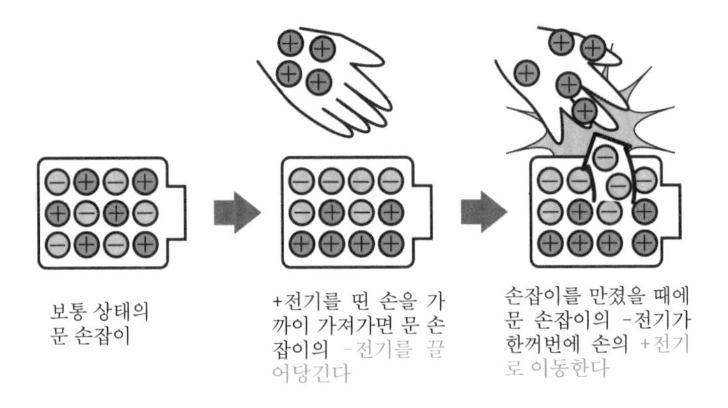


### 정전기의 찌릿함에 대한 대책

문 손잡이를 만질 때의 대책 가운데 하나는 금속 조각(열쇠나 몸체가 금속제인 볼펜 등)을 쥐고 먼저 금속 조각을 손잡이에 대는 것입니다. 그냥 손잡이에 손을 가까이 대면 방전으로 인한 스파크 전류가 아주 좁은 한 곳으로 집중해서 흘러 신경이 민감하게 반응합니다. 그래서 금속 조각을 먼저 대면 금속 조각을 쥐고 있는 손 전체에 전류가 분산되기 때문에 신경에 전해지는 자극이 적어지는 것입니다.

전류의 분산으로 자극을 약화시키는 방법으로, 주먹을 쥔 상태나 손바닥 전체로 손잡이에 가까이 대는 방법도 있습니다.

다른 대책도 있습니다. 손잡이를 만지기 전에 미리 나무나 콘크리트

벽을 손으로 만지는 것입니다. 정전기 입장에서 보면 나무나 콘크리트는 절연체가 아니라 어느 정도 전기가 흐르는 대상입니다. 나무나 콘크리트로 만들어진 벽은 대지에 접지되어 있으므로 사람의 몸에서 발생한 정전기를 방전해 주는 것입니다. 가까운 곳에 벽이 없는 경우에는 문의 본체를 만져도 좋을 것입니다.

자동차를 타고 내릴 때에도 찌릿함을 느낀 경험이 많을 것입니다.

자동차 좌석이 절연체라면 운전하는 동안에 마찰로 정전기가 발생합니다. 차에서 내릴 때 좌석에서 일어나기 전에 차체의 금속 부분을 만지면서 내립니다. 차체에서 대지로 사람 몸의 정전기를 방전해 주는 것입니다.

차에 타기 전에 지면에 손바닥을 대는 것도 효과가 있습니다. 포장도로라도 괜찮습니다. 이 역시 대지로 정전기를 방전시키는 방법입니다.

정전기의 찌릿함을 막는 기구도 판매되고 있습니다.

금속 조각을 사용하는 것과 마찬가지의 원리인 방전 타입입니다. 키홀더 형, 카드 형 등이 있습니다.

전기를 띠게 만든 아크릴 옷감으로 실험해 보니, 카드 등의 접촉 면적이 넓은 것일수록 효과가 크다는 결과를 얻게 되었습니다.

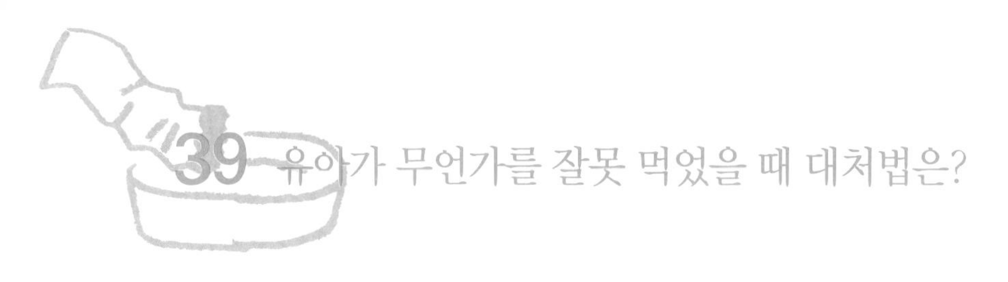

# 39 유아가 무언가를 잘못 먹었을 때 대처법은?

> 유아가 음식이 아닌 다른 것을 잘못 흡입하거나 목이나 기관에 막혀 심할 경우 생명까지 위협받는 사태로 이어지는 일도 있습니다. 무엇을 주의해야 할까요?

## 이물질을 잘못 흡입하는 사고

10세 미만의 아이가 음식물이 아닌 것을 삼키거나 기관에 넘기는 등의 사고가 매년 많이 발생하고 있습니다. 특히 영유아는 주변의 물건을 뭐든 입으로 가져가는 시기가 있습니다. 물건을 입에 넣을 뿐만 아니라 먹거나 삼켜버리거나 해서 몸 안으로 들어감으로써 여러 증상을 일으키기도 합니다.

실제로 이러한 사고가 발생하면 어떻게 해야 좋을까요? 사전에 어떤 점을 주의하면 좋을까요? 이에 대해 알아둡시다.

## 흡입 사고의 종류와 심각성

영유아의 흡입 사고에는 두 종류가 있습니다.

아이가 입으로 음식이 아닌 물질을 넣었을 때에는 대체로 토해냅니다만, 때로는 삼켜서 식도를 통해 위로 들어가는 경우가 있습니다. 이때 소화기관 내부에 상처를 내거나 소장에서 흡수되어 중독을 일으키는 일이 있습니다.

또한 입에 넣은 물질을 기관 등 호흡기 쪽으로 삼키는 경우가 있습니다. 이때 가장 심각한 것은 기관을 막는 질식 상태입니다.

흡입 사고 위험이 높은 물질

| 종류 | 무슨 일이 일어나는가? |
|---|---|
| 담배(담배꽁초 포함) | 중독 |
| 의약품 | 중독 |
| 비닐, 플라스틱 제품 | 질식 |
| 금속 제품 | 중독, 소화기관에 상처 |
| 화장품, 비누, 세제류 | 중독, 소화기관에 상처 |
| 식품을 잘못 삼키는 경우 | 질식, 폐렴 |

### 사고가 발생했을 때의 대처법

유아가 잘못 마시거나 삼킬 우려가 있는 것의 예를 들어보겠습니다. 이 모든 경우에 신속하게 의사의 진찰을 받아야 합니다.

● 담배

흡입 사고의 원인으로 가장 많은 것이 담배입니다. 아직 피우지 않은 담배나 담배꽁초를 입에 넣고 씹거나 담뱃불을 끈 물을 마시는(이 물에는 니코틴이 녹아 있습니다) 경우가 있습니다. 물에 녹은 니코틴은 흡수가 빨라 증상도 심각하게 나타나므로 주의가 필요합니다. 영유아에게 치사량인 니코틴의 양은 담배 반 개비에서 한 개비 분량이라고 합니다.

담배에 있는 니코틴이 흡수되면 중독 증상으로 구토나 의식장애를 일으켜 호흡 정지가 올 가능성도 있습니다. 아이가 담배를 삼켰으면 우선 이를 토하게 하고 아무 것도 마시게 하지 말고 즉시 의료기관으로 가서 의사의 진찰을 받아야 합니다.

담배를 잘못 삼키는 사고는 만 1세 전후의 아이에게 가장 많이 발생합니다. 아이의 손이 닿는 곳에 담배나 재떨이를 두지 말고 빈 캔을 재떨이 대용으로 사용하지 말아야 합니다.

● 의약품

최근 의약품이나 비타민제 등에 달고 맛있는 것이 있어서 아이들이 다량으로 먹는 사고가 발생하고 있습니다.

이것이 체내에 흡수되면 의약품의 약리작용에 의해 심각한 건강상의 문제를 일으킬 위험이 있습니다. 물 등을 마시게 해서 토하게 하고 신속하게 의사를 찾아 진찰을 받아야 합니다. 아이들이 열지 못할 것이라고 생각하는 용기를 여는 경우도 있으므로 방심은 금물입니다.

● 비닐, 플라스틱 제품

작은 공이나 풍선 등을 삼켜 목이 막히는 경우가 있어서 질식의 원인이 되므로 주의할 필요가 있습니다. 3세 정도의 아이가 입을 크게 벌리면 평균 직경 39밀리미터의 공을 넣을 수 있는 크기가 되므로, 39밀리미터 이하의 물체는 조심해서 다룰 필요가 있습니다. 대체로 탁구공 크기(직경 40밀리미터)를 기준으로 삼습니다.

● 단추형 전지, 동전 등 금속 제품

단추형 전지는 소화기관에 들러붙어서 방전을 해 소화기관에 구멍을 내는 등 심각한 상처를 낼 우려가 있습니다. 특히 리튬이온 전지는 방전 능력이 높아 전지 수명이 다할 때까지 일정한 전압을 유지하는 특성이 있습니다. 그렇기 때문에 잘못 삼키게 되면 소화기관 안에서 방전을 해 위험한 알칼리성 액체를 생성합니다. 30분에서 1시간 만에 소화기관의 벽이 손상됩니다. 전지를 사용하는 장난감을 가지고 놀 때에는 전지 부분의 덮개가 잘 덮여 있는지 확인하도록 합시다.

단추형 전지 흡입 연령

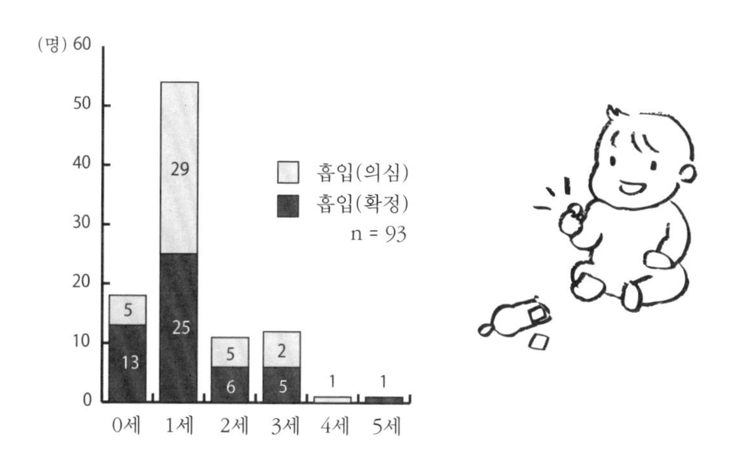


● 화장품류, 비누류, 세제류

매니큐어나 아세톤은 여기에서 예로 든 물질 중에서 가장 위험합니다. 이를 마셨을 때에는 즉시 의사의 진찰을 받아야 합니다. 화학성 폐렴을 일으킬 위험도 있기 때문에 무리해서 토하게 하지 말아야 합니다.

비누류의 경우에는 상태를 지켜보다가 이상 증상이 나타나면 곧바로 의사를 찾아 진찰을 받아야 합니다.

이 밖에도 떡 등의 식품류에 의한 질식 등 많은 사례가 있습니다. 주변 어른들이 최선을 다해 주의를 기울여 흡입 사고를 막아야 합니다.

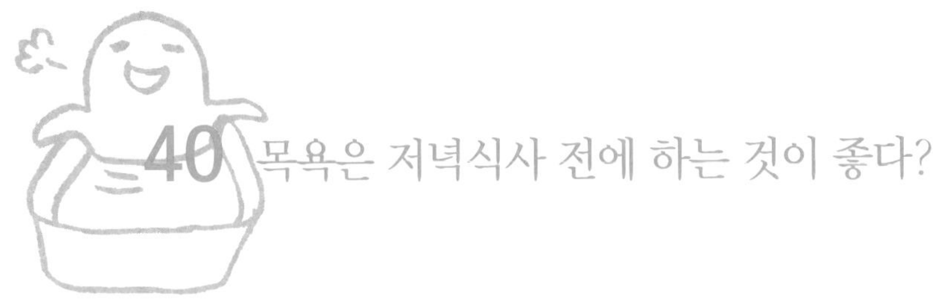

# 40 목욕은 저녁식사 전에 하는 것이 좋다?

히트 쇼크란, 온도의 급격한 변화로 인해 신체가 받는 영향을 말합니다. 히트 쇼크가 원인인 뇌졸중은 고령자가 자리보전하게 되는 가장 큰 원인이기도 합니다.

### 위험! 겨울에 하는 목욕

겨울에 목욕을 할 때 발생하는 '히트 쇼크(heat shock)'란, 추운 탈의실이나 욕실 안에서 혈관이 수축해 혈압이 올라간 상태에서 뜨거운 목욕물에 몸을 담그면 혈관이 급격하게 확장해 혈압이 저하하는 것을 말합니다. 고혈압, 당뇨병, 동맥경화, 부정맥, 비만 등이 있는 사람은 특히 이러한 영향을 쉽게 받아 현기증이 나거나 넘어지면서 미끄러져 머리를 다치거나 의식을 잃는 일이 발생해 욕조 안에서 익사할 위험도 있습니다.

입욕 중에 심폐기능이 정지하는 사람은 교통사고로 사망하는 사람보다 많아 매년 약 만 명이나 된다고 합니다. 원인의 대부분은 뇌졸중(뇌출혈, 뇌경색)이나 심근경색 등으로 12~3월에 많이 발생합니다.

통계에 따르면 가정 내 욕조에서 익사하는 사람의 수는 최근 10년 동안 약 1.7배 증가했다고 합니다. 이 중 약 90%가 65세 이상으로 고령자 수의 증가에 따라 입욕 중 사고사가 증가하는 것으로 보입니다.

겨울에 목욕을 할 때에 히트 쇼크를 예방하기 위해서는 어떠한 대책을 세우면 좋을까요?

입욕 중 심폐기능 정지자 수(발생 건수)
전국 47개 도도부현 635소방본부(2011년)

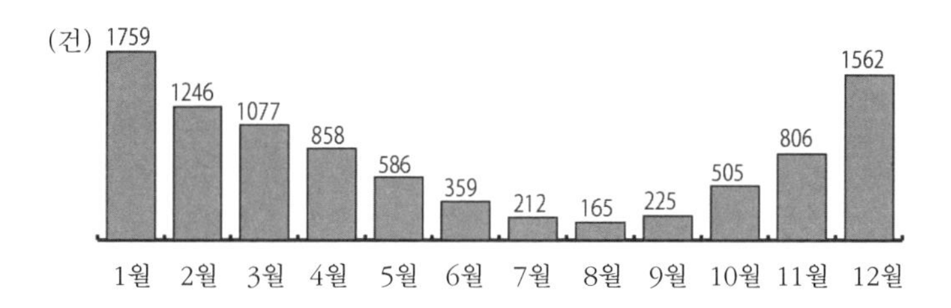


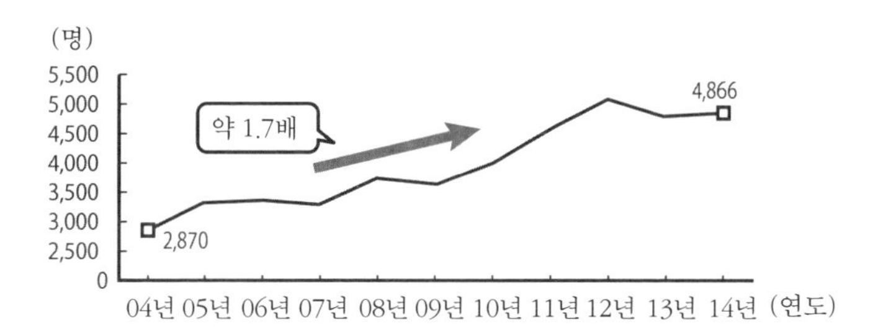


가정 내 욕조에서 익사하는 사람 수의 추이
소비자청 NewsRelease(2016년 1월 20일)

### 히트 쇼크를 예방하기 위해

겨울에 입욕을 할 때 히트 쇼크를 예방하기 위해서는 다음과 같은 대처 방법을 생각해 볼 수 있습니다.

● 저녁식사 전과 음주 전에 입욕

이른 아침이나 늦은 밤보다 저녁식사 전이 좋습니다. 탈의실이나 욕실이 그만큼 춥지 않은데다가 생리기능이 높아서 이때 입욕하는 것이 온도 차이가 가져오는 충격에 더 대응하기 쉽습니다. 저녁식사 직후나 음주 후에 입욕하면 혈압이 급격하게 저하될 수 있으므로 피하는 것이 좋습니다.

● 탈의실이나 욕실을 따뜻하게 한다

히트 쇼크의 원인은 '온도차'에 의한 경우가 많습니다. 이 온도차를 줄이기 위해서 탈의실이나 욕실을 따뜻하게 해줍니다. 탈의실은 전용 난방 기구를 사용하는 것이 바람직합니다. 그리고 높은 위치에서 샤워기의 온수를 틀어 욕조에 온수를 받으면 욕실 전체를 따뜻하게 할 수 있습니다. 고령자의 경우는 가족 중 제일 먼저 목욕을 하지 말고 욕실이 충분히 따뜻해졌을 때 입욕하면 좋을 듯합니다.

● 41℃ 이하에서 10분 이내에

41℃ 이하로 온수 온도를 맞추고, 욕조에 몸을 담그는 시간은 10분 이내로 해서 몸을 지나치게 따뜻하게 하지 않으면 급격한 혈압 저하를 예방할 수 있습니다.

고온이나 오랜 시간의 목욕으로 상기되어 멍해져서 의식장애를 일으키면 욕실 열사병의 위험이나 익사 사고로 이어지는 경우도 있습니다. 또한 탈수로 인한 혈전증을 예방하기 위해 입욕 전후 수분을 충분히 보충해 주는 것도 중요합니다.

● 욕조에서 갑자기 일어서지 않는다

입욕 중에는 욕조 안 온수로 몸 전체가 수압을 받습니다. 그 상태에서 갑자기 일어나면 몸이 받던 수압이 사라져 압박을 받던 혈관이 한꺼번에 확장됩니다. 그러면 뇌로 가는 혈액이 줄어 뇌는 빈혈상태가 되어 일시적으로 의식장애를 일으키는 경우도 있습니다.

입욕 전후의 혈압 추이 이미지

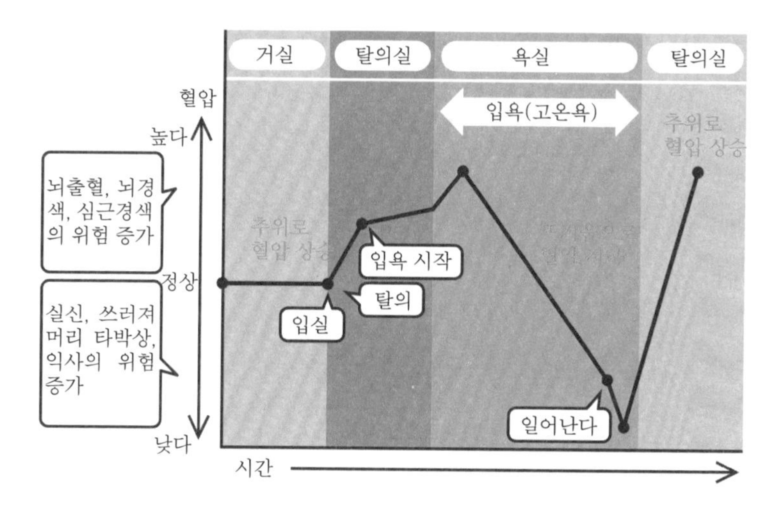


욕조에서 나올 때에는 손잡이나 욕조의 가장자리를 잡고 천천히 일어나도록 주의합시다.

## 한랭지역에서 배우는 주택의 겨울 준비

히트 쇼크가 원인으로 생각되는 사망 사례는 고령자가 많은 지역에서 증가 경향을 보이고 있습니다. 반면 최근 히트 쇼크로 인한 사고가 가장 적은 곳은 의외로 한랭지역인 홋카이도라고 합니다.

히트 쇼크의 원인인 주택 환경의 위험을 줄이기 위해서는 한랭지역 주택의 겨울 준비 모습을 참고할 필요가 있습니다.

실내 단열 기능을 보완하고 탈의실이나 욕실에 전용 난방기를 설치하는 등 리폼이나 설비 개선에 투자하는 것도 고령자뿐만 아니라 모두의 생명을 지키기 위해서 중요한 일입니다.

# 겨울철에 많은 일산화탄소 중독은 어떻게 막을까?

안타깝게도 매년 희생자가 발생하는 일산화탄소 중독. 눈에 보이지 않는 일산화탄소로부터 우리 몸을 지키기 위해서는 어떠한 점을 주의해야 할까요?

### 아무도 모르게 다가오는 침묵의 살인자

자각 증상이 없기 때문에 위험을 인식하지 못한 채 갑자기 발견되어 생명을 위협하는 병을 '침묵의 살인자'라고 부릅니다. 일산화탄소 중독의 무서운 점은 이 중독이 바로 침묵의 살인자라는 것입니다.

일산화탄소는 무미 · 무취여서 감지하기 어렵고 두통 등의 급성 증상은 있지만 한순간에 의식을 잃고 마는 경우가 많다는 특징이 있습니다. 생명이 위험해지는 상황에 빠져 '어느 새 죽음에 이르는' 것입니다. 이렇게 되지 않기 위해서는 일산화탄소(중독)를 잘 이해하여 사고가 발생하지 않도록 노력할 필요가 있습니다.

### 일산화탄소의 성질

탄소를 함유한 유기물이 연소하면 탄소에 산소 분자가 결합한 이산화탄소($CO_2$)가 발생합니다. 그러나 산소가 부족한 상태에서 불완전연소가 일어나면 일산화탄소(CO)가 발생합니다. 본래 연소를 하면 늘 어느 정도의 일산화탄소는 발생합니다.

일산화탄소는 무색 · 무미 · 무취인 기체입니다.

일산화탄소가 인체에 문제를 일으키는 원인은 무엇일까요? 사람은 공기 중의 산소를 호흡을 통해서 마시고 있습니다. 폐로 들어간 공기 중 약 20%가 산소입니다.

산소는 혈액의 적혈구에 들어 있는 헤모글로빈이라는 물질과 결합하여 우리 몸 전체를 돌아다닙니다. 헤모글로빈은 산소가 적은 곳에 닿으면 산소를 분리하는 성질이 있기 때문에 우리 몸 구석구석까지 산소를 공급할 수 있습니다.

그런데 헤모글로빈은 산소보다도 일산화탄소와 더 잘 결합하는 성질을 가지고 있습니다. 그 결합의 강도는 산소의 200배 이상입니다. 일산화탄소를 마시면 헤모글로빈이 산소가 아니라 일산화탄소와 결합해 버려서 우리 몸에 산소를 운반하지 못하게 됩니다.

### 일상생활에 잠재한 위험

기술혁신이 눈부신 오늘날에도 일산화탄소 중독이 사라지지 않는 이유는 어디에 있을까요? 사실 이러한 기술혁신이야말로 일산화탄소 중독의 원인 중 하나이기도 합니다.

그것은 바로 건물의 기밀성입니다. 이전에는 가옥 안에 틈새가 많이 있었지만 최근에는 기밀성이 높은 건물이 증가하고 있습니다.

이러한 건물에서 물건이 타면 예상보다 훨씬 많은 산소가 소비되어 불완전연소를 일으킬 가능성이 높습니다. 그 결과 실내의 일산화탄소 농도가 높아져 중독을 일으키게 됩니다.

일산화탄소를 배출할 위험성이 있는 기구에는 "세심한 환기가 필요합니다"라는 주의 문구가 들어가 있으므로 특히 조심할 필요가 있습니다.

겨울철에는 "창문 열기가 싫다"고 하는 사람도 적지 않을 것입니다. 그럴 때에는 환풍기를 돌리는 것만으로도 효과가 있습니다. 일산화탄소를 배출하지 않는 전자조리기나 전기스토브를 이용하는 것도 좋은 방법일 것입니다.

집안을 둘러보면 기밀성이 높은 장소가 또 한 군데 있습니다. 바로 욕실입니다.

식은 목욕물을 다시 데울 수 있는 장치가 달린 가정에서는 특히 주의가 필요합니다.

가스를 연소시킨 공기는 집 밖으로 배출되도록 만들어져 있습니다. 그런데 여기에 환풍기를 돌리면 밖으로 배출되었던 일산화탄소가 다시 좁은 욕실 안으로 빨려들어올 가능성이 있습니다.

요즘은 일반주택용 일산화탄소 경보기가 저렴하게 판매되고 있으므로 이를 설치하는 것도 하나의 대책이 될 것입니다.

### 실외에도 도사린 위험

최근 몇 년 동안 자주 일어나고 있는 일산화탄소 중독의 대표적인 예는 자동차 배기가스에 의한 중독입니다.

자동차의 배기가스는 소음기를 통해 배출되도록 만들어져 있습니다. 이것이 정비 불량으로 배기관에 구멍이 생긴 채로 배기가스가 유입되거나 큰 눈으로 인해 자동차가 눈에 파묻혀 배기가스가 역류하는 일도 발생하고 있습니다. 좁은 차 안에서 순식간에 일산화탄소의 농도가 높아지므로 주의가 필요합니다. 차고 안에서 엔진을 켜서 오랫동안 공회전을 시키는 일도 마찬가지의 위험이 있습니다.

실외에서 가장 우려되는 것은 캠프용 텐트 안에서 화기를 사용하는 일입니다. 특히 일산화탄소를 많이 발생시키는 버너나 연탄 화로를 텐트 안에서 사용하는 것은 반드시 피해야 합니다.

### 만약 일산화탄소에 중독되었다면

겨울에는 일산화탄소 중독이 많이 발생합니다. 가스버너나 석유 스토브, 화로 등 불을 이용하는 기구를 자주 사용하는 시기이고 추워서 문을 꼭 닫은 채로 생활하는 경향이 있기 때문입니다.

일산화탄소에 중독되었을 때에는 곧바로 신선한 공기를 마시도록 합니다. 난방 기구를 끄고 신속하게 실내를 환기시켜 줍니다. 의식이 없는 등 증상이 심한 경우에는 즉시 구급차를 불러야 합니다.

공기 중의 일산화탄소 농도와 흡입 시간에 따른 중독 증상

1.28% — 1~3분이면 사망
0.32% — 5~10분이면 두통 · 현기증, 30분이면 사망
0.16% — 20분이면 두통 · 현기증 · 구토, 2시간이면 사망
0.04% — 1~2시간이면 앞쪽 두통 · 구토, 2.5시간~3.5시간이면 뒤쪽 두통

## 42 화재를 일으키는 '발화점'과 '인화점'이란?

화재는 한번 발생하면 아무 것도 남기지 않는 참담한 사고입니다. 물건이 불탈 때에 필요한 세 가지 조건을 잘 숙지하여 화재를 예방하는 데 힘써야 합니다.

### 물건이 타는 세 가지 조건

화재가 발생하는 데에는, 다시 말해 건물 등의 물체가 불타기 위해서는 조건이 있습니다. 먼저 연소하는 물질이 필요합니다. 다음으로 항상 새로운 공기(산소)가 연소하는 물질이 있는 곳에 있을 필요가 있습니다. 또한 일정 정도 이상의 온도가 없으면 연소는 시작되지 않습니다.

정리해 보면, 물체가 타기 위한 조건은 세 가지입니다. 연소하는 물질(가연물질), 산소, 일정 정도 이상의 온도(고체의 경우 발화점)가 그것입니다.

물질에 불을 붙일 수 있는 최저 온도가 발화점입니다. 물질을 공기 중에 두고 점차 온도를 높여가다가 발화점에 이르면 저절로 불타기 시작합니다. 또한 등유 등의 경우에는 불을 가까이 가져갔을 때 물질에 불이 붙는 것을 인화라고 하며 인화가 일어나는 최저 온도를 인화 온도(인화점)라고 합니다.

우리 주변에는 연소하는 물질과 산소가 많이 있습니다. 화재를 예방하기 위한 '불조심'은 발화점이나 인화점에 이르지 않도록 불씨를 잘 처리하는 것입니다.

**발화점**

불이 없어도 발화하는 최저 온도

| 목재 | 250~260℃ |
|---|---|
| 신문지 | 291℃ |
| 목탄 | 250~300℃ |

**인화점**

불을 가까이 가져간 순간 인화하는 최저 온도

| 휘발유 | -43℃ 이하 |
|---|---|
| 등유 | 40~60℃ |

### 연간 불이 나는 건수는 어느 정도?

2013년 총무성 통계에서는 일본의 불이 나는 건수는 약 5만 건으로 2006년부터 8년간 그다지 변하지 않고 있습니다. 한편으로 화재로 인한 사망자 수는 2006년의 2,000명 정도에서 매년 줄어 2013년에는 약 1,600명으로 나타났습니다.

해외 소방정보센터의 보고(2008년 3월)에 따르면, 미국(면적은 일본의 25배, 인구는 일본의 2.3배)에서는 불이 나는 건수가 160만 건을 웃도는 한편, 화재로 인한 사망자 수는 4,000명을 약간 넘는 정도입니다. 불이 나는 건수에 비해 사망자 수 비율은 일본보다 낮게 나타나고 있습니다.

또한 영국(면적은 일본의 64%, 인구는 일본의 43%)에서는 불이 나는 건수가 약 39만 건인 데 비해, 화재로 인한 사망자 수는 600명 정도입니다. 다른 나라나 도시와 비교해 보아도 일본은 불이 나는 건수에 비해 화재로 인한 사망자 수가 많습니다.

또한 그래프(173쪽)에 들어가 있는 '점화'란, 비료를 만들기 위해 잡초에 들불을 놓아 불을 붙였으나 제어하지 못할 정도로 불이 번져버린 것을 말합니다.

일본, 영국, 미국 등지에서 주택 화재에서 발생한 방화를 제외하고 불이 난 원인은 일본과 영국에서 조리기구가 많은 반면, 미국에서는 난방기구가 많으며 사망자가 발생한 주택 화재의 원인은 각국 모두 담배가 1위입니다.

이렇게 보면 일본에서는 불장난을 하지 않도록 아이들을 잘 가르치고 있으나, 한창 불을 사용할 때에 한눈을 팔거나 조리기구를 부적절하게 사용하는 등 어른들의 부주의가 원인인 경우가 많으므로 이를 줄여가야 한다는 점이 과제라고 할 수 있을 것입니다.

국가별 3대 화재 원인

| 순위 \ 국가 | 미국 | 영국 | 독일 | 프랑스 | 한국 | 호주 |
|---|---|---|---|---|---|---|
| 1위 | 원인 불명 | 조리기기 | 취급 부주의 | 원인 불명 | 전기 | 어린이 불장난 |
| 2위 | 전기 | 담배 | 감독관 부재 | 방화 의심 | 담배 | 방화 및 방화 의심 |
| 3위 | 방화(뉴욕) | 전기기구 | 방화 (베를린) | 기계 고장 | 방화 | 방치, 무단 투기 |

### 방화라는 원인에 감춰진 비밀

일본에서 불이 나는 원인은 '방화 및 방화 의심'이 다른 나라에 비해 특히 눈에 띈다고 할 수 있습니다.

이 중 사망자가 발생한 화재의 대부분은 방화 자살에 의한 것으로, 모든 화재 사망자의 약 40%를 차지하고 있습니다. 자살 자체가 비극적인 일인데 그 수단으로 주변의 많은 것들을 앗아가는 방화라는 수단을 선택하는 것은 더욱 비극적인 일입니다.

다음 그래프는 일본의 화재 원인을 순서대로 표시한 것입니다.

모든 화재사고의 불이 난 원인별 건수(2013년)

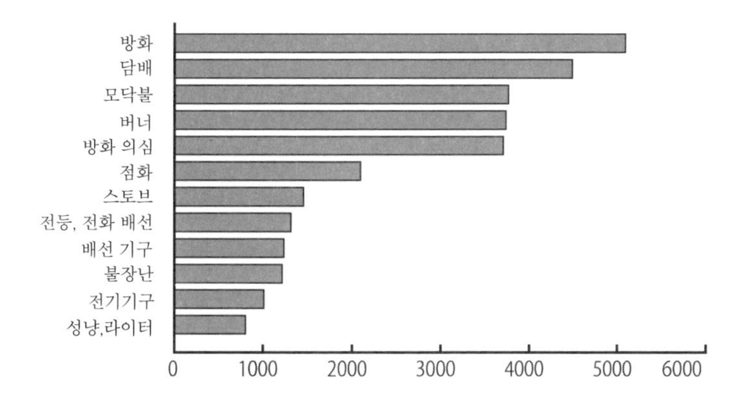


## 소실된 재산

화재로 인한 손해는 어느 정도일까요? 사실 GDP(국민총생산)의 0.1%라는 계산이 있습니다. 일단 불에 타버리면 재산도, 추억이 담긴 물건도 어느 하나 남아나지 못합니다. 화재는 작은 배려로 막을 수 있습니다.

5장

# '첨단기술, 교통수단'에서 만나는 과학

# 43 태양전지는 어떻게 전기를 얻을까?

빛을 통해 전기를 만드는 태양전지는 전자계산기, 손목시계, 가로등에서부터 인공위성, 우주 정거장까지 폭넓게 사용되고 있습니다. 태양전지는 어떻게 전기를 생성해 낼까요?

## 전지의 종류는 두 가지

전지에는 화학전지와 물리전지가 있습니다.

화학전지는 내부의 화학반응을 통해 전기를 일으켜 전기 에너지를 만듭니다. 건전지나 충전식 전지 등이 여기에 속합니다.

물리전지는 화학반응을 일으키지 않고 빛이나 열 등의 에너지를 전기 에너지로 바꾸는 변환장치로, 태양전지가 여기에 속합니다. 물리전지에는 실리콘 태양전지 외에 다양한 화합물 반도체를 소재로 한 타입이 있습니다(잘 연마된 금속에 빛을 쬐면 금속에서 전자가 튀어나옵니다. 이를 '광전 효과'라고 합니다. 일반적인 광전 효과는 전자가 밖으로 튀어나오기 때문에 물질 내부에서 광전 효과를 일으켜 전류를 추출할 필요가 있습니다. 그래서 사용되는 것이 반도체입니다).

## 태양전지의 구조

태양광에 노출된 아스팔트가 뜨거워지는 것은 태양의 빛 에너지가 아스팔트에 흡수되어 열 에너지로 변했기 때문입니다. 보통 열로 변한 에너지는 주위의 물질이나 공기에 전달되어 흩어집니다.

태양전지는 태양광이 가진 빛 에너지를 흡수하여 열로 변하기 전에 전기 에너지(전력)로 변환합니다.

### 가정용 태양전지 시스템

가정용 태양전지 시스템은 태양전지를 나열하여 패널 모양으로 만든 태양전지 모듈(태양광 패널)을 지붕 등에 설치합니다.

만들어진 전기는 직류 전력인데 파워컨디셔너로 가전제품에서 사용할 수 있도록 교류 전력으로 변환됩니다. 발전 모니터를 통해 실시간으로 발전량이나 소비전력 등을 알 수 있을 뿐 아니라 전력을 전력회사에 팔거나 전력회사에서 구입하는 상황까지도 터치 패널 형식으로 확인할 수 있습니다.

### 친환경이지만 발전 효율이 과제

태양전지는 '전지'라는 이름이 붙어 있으나 전기를 축적하는 기능은 없으며 발전 기능만을 가지고 있습니다. 빛에 노출된 동안에만 발전을 지속합니다. 연료를 사용하지 않아 배기가스도 배출하지 않고 화학연료도 소비하지 않아 클린 에너지라고 할 수 있습니다. 지구 환경과 에너지 문제를 해결한다는 측면에서 주목받고 있습니다. 앞으로 더욱 변환효율을 높여가는 것이 과제입니다. 태양광 발전의 변환효율(발전효율)은 15~20% 정도입니다. 수력발전(80~90%), 화력발전(약 40%), 원자력발전(약 33%)에 비해 낮다는 점이 과제입니다.

### 비용절감은 어디까지 가능할까?

독일은 세계 최대의 태양광 발전 도입국으로, 2012년에 가정용 전력요금과 태양광 발전 시스템의 발전 비용이 같은 수준에 이르렀습니다. 2013년에는 태양광 발전 비용이 가정용 전력요금을 밑돌았으며

2017년 이후에는 정부의 지원이 필요 없게 되었습니다.

일본에서도 2020년에 업무용 전력 수준(1킬로와트 14엔), 2030년에는 화력 발전 수준(1킬로와트 7엔)의 발전 비용을 실현하여 주요 에너지원을 하나로 발전시키는 목표를 세웠습니다.

# 44 드론은 무선 원격조정 헬리콥터와 전혀 다른가?

> 프로펠러가 여러 개 달려 있는 헬리콥터 모양의 드론. 예전부터 있었던 무선 조종 모형 비행기와는 무엇이 다르며 어떻게 이처럼 급속하게 보급되었을까?

## 유래는 SF 소설에 등장하는 공작 로봇

최근 TV 등에서 공중에서 촬영한 동영상을 자주 볼 수 있습니다. 이러한 장면에서 사용하는 것이 '드론'이라고 불리는 소형 항공기입니다.

드론은 1979년에 발표된 제임스 P. 호건(James P. Hogan)의 SF 소설 《미래의 두 얼굴(The Two Faces of Tomorrow)》(작품 속에서 인류의 군대와 인공지능이 조종하는 드론이 전투를 벌이는 장면이 있는데, 마치 앞으로 인류가 맞이할 사회를 예견하는 듯한 명작입니다)에 등장하는 비행형 공작 로봇입니다. 벌이 날갯짓하는 소리와 같은 윙윙 소리를 내면서 나는 모습에서 '드론'이라는 이름이 유래했다고 합니다.

## 간단하게 날릴 수 있는 멀티콥터

요즘 자주 볼 수 있는, 프로펠러가 여러 개 붙은 드론은 정확하게는 멀티콥터(multi-copter)라고 하는 것입니다. 기존의 무선 조종형 헬리콥터는 진짜 헬리콥터와 마찬가지의 수준 높은 기술이 필요하고 정확하게 날리기 위해서는 장시간의 훈련이 필수적이었습니다.

그러나 드론은 비행을 안정시키기 위한 기술을 컴퓨터에게 맡기고 조종자가 고도나 방향을 지시하는 것만으로 충분히 다룰 수 있습니다. 게다가 GPS를 사용해 비행 경로를 지정할 수 있으며 탑재된 카메라가 전송한 동영상을 고글을 통해 보면서 조종할 수 있는 기종도 있습니다. 기존의 무선 항공기에 비해 훨씬 가벼워서 그 활용 범위가 광범위해졌습니다.

이와 같이 드론은 고기능이면서 조작이 손쉽고 더구나 비교적 저렴하게 손에 넣을 수 있게 되면서 급속도로 보급되었습니다.

앞으로는 가정에 물건을 배달하는 택배용 드론으로 활용될 가능성도 있다고 하므로 그 가능성은 더욱 확대될 것 같습니다.

### 드론의 위험성과 규제

한편으로 드론에는 위험성과 우려도 있습니다.

그 하나는 조정할 때 사용하는 와이파이나 무선 전파의 규제가 나라마다 달라서 함부로 사용하면 혼란의 원인이 될 가능성도 있습니다.

또한 비행물 관련 사고를 일으킬 우려도 있습니다. 작은 드론이라도 여객기나 헬리콥터 등의 항공기와 부딪히면 엔진의 고장이나 회전 날개 등의 주요부품 고장 등, 중대한 사고로 이어질 가능성이 높습니다.

이러한 상황을 고려하여 일본에서는 2015년 12월에 드론 규제법(개정항공법)을 시행했습니다. 200그램 이상의 드론에게는 비행금지구역이 설정되었습니다(도쿄 23개 구 안에서는 허가 없이 드론을 날 수 있는 장소는 거의 없습니다). 이 밖에도 비행 방법에 안전을 위한 제한이 더해졌습니다.

드론은 군사 분야에서도 연구가 진행되고 있습니다. 미군의 무인 정찰기 'RQ-1 프레데터'는 2000년대부터 아프가니스탄에서 정보 수집용으로 운용되기 시작했습니다. 현재는 무기도 탑재해 공격용으로 실전에서도 사용되고 있습니다. 민간기도 적재 능력이 있는 것은 테러 등에 이용될 가능성이 있습니다. 이 때문에 비행 감시나 비행 중인 드론을 정지시킬 수 있는 기술의 개발도 진행되고 있습니다.

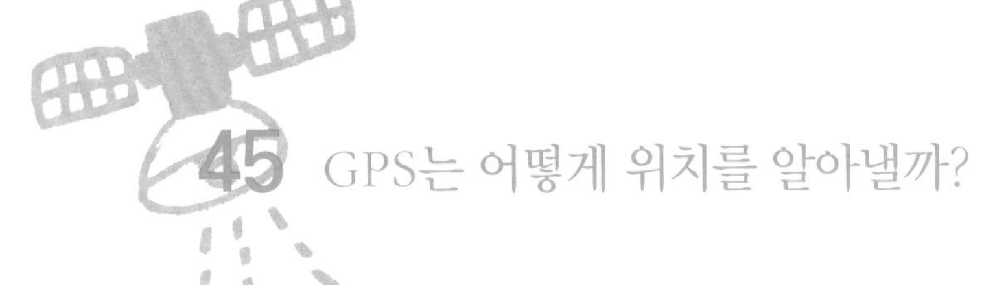

# 45 GPS는 어떻게 위치를 알아낼까?

GPS의 위치 정보를 이용해 지도 데이터와 연계해서 자동차의 내비게이션을 실행하는 것이 자동차 내비게이션 시스템입니다. GPS는 어떻게 위치를 특정할까요?

### GPS 위성이란?

GPS(Global Positioning System)는 '전 지구 위치 측정 시스템'이라고 하여 인공위성으로부터 오는 전파를 수신하여 위치를 정확하게 측정하는 장치입니다. 상공에는 수많은 인공위성이 돌아다니고 있습니다.

본래 군사 목적으로 쏘아올린 것을 민간이 사용하게 된 것으로, 지금은 우리가 생활하는 다양한 곳에 많은 도움을 주고 있습니다.

GPS 위성은 지구 상공을 모두 망라하도록 배치되어 그 위치 정보와 시각 정보를 전파로 지표를 향해 발신하고 있습니다.

여기서 GPS 위성의 전파 발신 시각과 수신기의 수신 시각의 차이를 계산하여 그 값에 광속을 곱하면 인공위성과 수신기의 거리를 구할 수 있습니다(사용하는 공식은 '거리 = 속도×시간').

인공위성이 보내는 시각 정보는 완벽한 정확성을 요구합니다. 왜냐하면 빛의 속도는 초속 30만 킬로미터로 매우 빨라서 작은 시간의 오차가 큰 차이를 만들어내기 때문입니다. 그래서 GPS 위성에서는 원자시계(정식 명칭은 '원자 주파수 표준기'라고 하며 마이크로파의 주파수를 확인함으로써 1초의 길이를 결정하는 것입니다. 오차는 만년에서 10만 년에 1초 정도입니다)를 이용하고 있습니다.

수신기는 GPS 인공위성으로부터 데이터를 수신하여 위성과 자신과의 거리를 계산하는데, 1개의 위성으로부터 얻은 정보만으로는 지구상에서 수신기의 위치를 산출할 수 없습니다.

예를 들어 수신기와 위성 하나의 거리가 R이라는 계산이 나왔다고 가정해 봅시다. 그러면 수신기의 위치는 인공위성으로부터 R 반경의 구(球) 표면상에 있다는 것을 알 수 있을 뿐입니다.(그림 1)

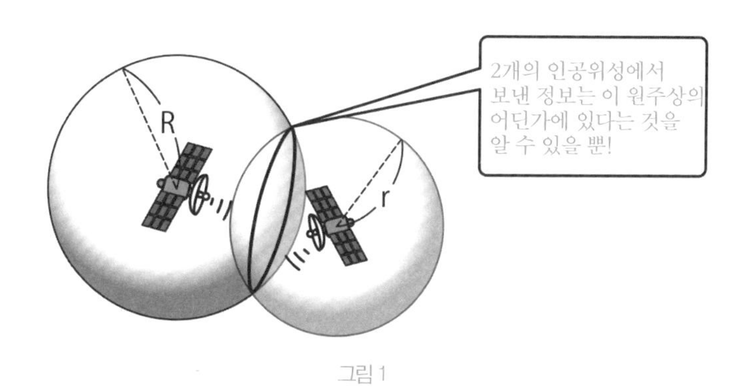


그림 1

인공위성이 또 하나 있다면, 마찬가지로 반경 r의 구 표면상에 있다는 것을 계산으로 알 수 있습니다.

이 두 정보를 통해 수신기는 두 개의 구가 교차하는 원주상에 위치한다는 것을 알 수 있지만 아직 이것만으로는 불충분합니다.

다른 또 하나의 위성으로부터 정보를 얻을 수 있다면 이들 구 표면이 교차하는 2개 지점으로까지 좁힐 수 있습니다.(그림 2)

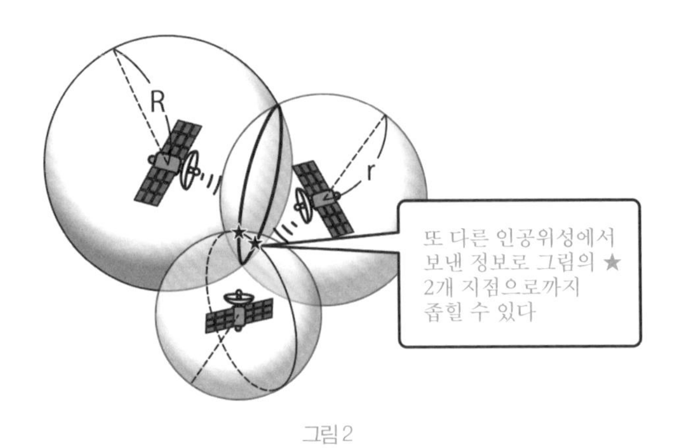

그림 2

여기서 또 다른 인공위성으로부터의 정보가 있으면 수신기의 위치를 완벽하게 확정할 수 있습니다. 그러나 원리적으로는 자동차 내비게이션 시스템일 경우 인공위성 3개로도 위치 정보의 계산은 가능합니다. 왜냐하면 수신기는 지구 표면 위에 위치하기 때문입니다.(그림 3)

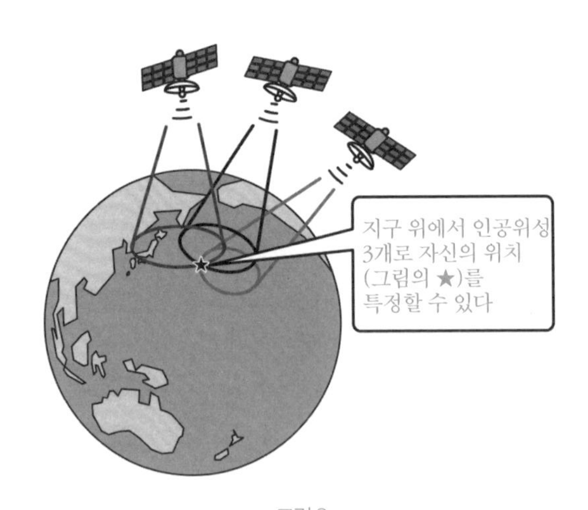

그림 3

이와 같은 GPS 기술은 1996년 3월에 미국의 정책 변화로 누구나 자유롭게 민간용 신호로 이용할 수 있게 되었습니다.

다만 주개발국인 미국은 당초 GPS의 데이터를 고의로 어지럽혀 다른 국가가 군사적으로 이용하는 것을 저지해 왔습니다. 당시 일본에서는 이러한 GPS의 유효성을 인지하고 자동차용 내비게이션 시스템 등을 개발해 왔습니다.

처음에는 손에 넣은 데이터가 정확하지 않아 위치 정보에 상당한 오차가 있었습니다. 그래서 자동차의 주행거리계 등에서 위치 보정을 할 필요가 있었습니다.

그러나 2000년 5월에는 GPS의 정밀도를 의도적으로 어지럽히는 정책이 폐지되면서 GPS의 정밀도는 기존의 10배 이상으로 향상되었습니다.

현재 항공기나 자동차, 열차 등의 교통기관은 물론 개인이 가지고 있는 스마트폰에도 GPS 수신 기능이 탑재되어 있습니다. 지도를 정확하게 작성하고 획득한 GPS 데이터를 지도상에 표시함으로써 자신이 지도 위 어디에 있는지를 수시로 확인할 수 있게 되었습니다. 이것이 내비게이션 시스템입니다.

또한 스마트폰 등으로 촬영한 사진에 정확한 위치 정보를 표시할 수 있게 되었습니다.

게다가 상대론적인 효과를 엄밀하게 계산함으로써 오차 수센티미터까지 정밀도를 높일 수 있습니다. 그렇기 때문에 지각변동 등을 실시간으로 정밀하게 측정하는 일이 가능해져, 지진 예보나 조기 경계의 가능성에 기대가 모아지고 있습니다.

# 46 3D 프린터는 어떻게 인쇄를 하는 걸까?

최근 널리 알려지게 된 3D 프린터는 입체적인 물체를 인쇄하는 인쇄기입니다. 컵이나 그릇과 같은 일용품에서부터 재생 의료에 사용되는 뼈까지 다양한 물체를 만들 수 있는 것입니다.

### 3D 프린터란?

3D 프린터는 입체 인쇄기라고도 불립니다. 1980년대에 개발된 지 얼마 안 되었던 시기에는 극히 일부 관계자만이 알고 있던 3D 프린터도 2017년 현재에는 널리 알려지게 되었습니다.

3D 프린터의 구조를 보면, 먼저 컴퓨터로 만들고 싶은 물건의 3D 데이터를 작성하고, 다음으로 작성한 3D 데이터를 아래에서부터 둥글게 잘라냅니다. 그리고 낮은 쪽에서부터 한 층씩 재료를 조금씩 쌓아가면서 만들어가는 것입니다.

1층의 두께는 몇 마이크로미터로 1밀리미터의 1,000분의 1 정도입니다. 아주 얇은 층을 조금씩 쌓아가는 것입니다.

### 열로 녹여서 추출

현재 개인용 3D 프린터의 주류는 '열용해(熱溶解) 적층법'입니다. 이름 그대로 재료를 열로 녹여서 추출해 형태를 만들어갑니다.

재료로 사용되는 것은 ABS 수지(아크릴로니트릴 부타디엔 스티렌의 합성수지)라는 물질입니다. ABS 수지는 충격에 강하고 높은 강도를 가지고 있어서 가공도 용이하고 표면도 광택이 나서 완성되었을 때 아름답습니다. OA 기기, 자동차 부품(내외장품), 게임기, 건축부자재(실내용), 전기제품(에어컨, 냉장고) 등 폭넓게 사용되고 있는 소재입니다. 이 물질은 플라스틱의 일종으로 열을 가하면 부드러워지고 식히면 딱딱해지는 성질이 있습니다. 이러한 성질을 열가소성이라고 합니다. 이 열가소성을 활용하여 열로 녹여 가공하기 쉽게 만들어 형태를 조성한 다음 식혀서 고정하는 방법을 취하고 있습니다.

형태에 따라서는 지지대가 없으면 잘 만들어지지 않는 것도 있어서 외부를 PVA(폴리비닐알코올)라는 보조재로 지탱해 형태가 만들어지면 보조재만을 물로 녹여서 제거합니다.

이러한 방법은 색깔이 있는 재료를 사용할 수 있는 장점이 있어서 다채로운 제품을 만들 수 있습니다.

다만 표면을 녹였다가 다시 식히는 일을 반복하기 때문에 층의 경계가 눈에 잘 띄므로 매끈매끈한 것을 만들 때에는 적당하지 않습니다.

기본적인 구조

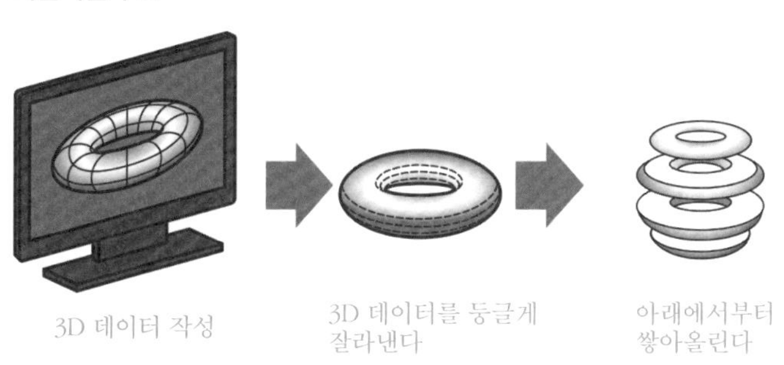


### 레이저로 구워 굳히기

이 방법은 동이나 티타늄과 같은 금속이나 세라믹 분말을 재료로 활용해 한 층씩 깔아가면서 레이저로 구워 굳히는 것입니다. 재료가 분

말이어서 복잡한 모양을 만들 수 있지만 '구워내기' 때문에 표면이 거칠게 느껴집니다.

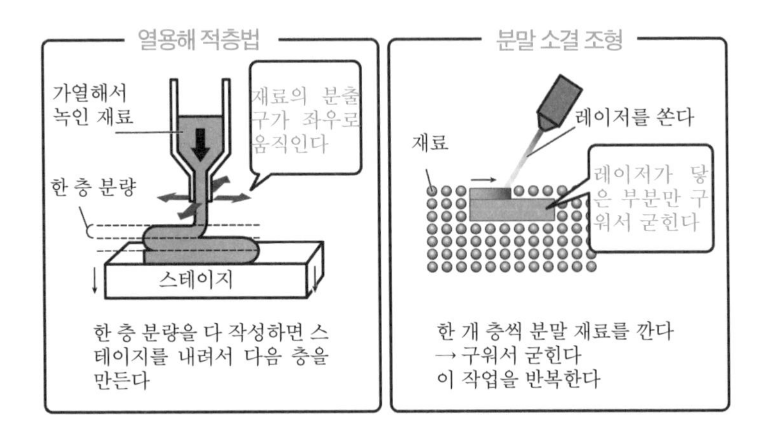


### 빛을 쪼여 굳히기

이 방법은 재료에 자외선이나 레이저를 쏘아 굳힌 수지를 이용한 것입니다. 잉크젯 프린터와 같이 재료를 분사하는 것이나 수지의 액체에 담근 상태로 작성하는 것이 있습니다. 이 모두 에폭시 수지나 아크릴 수지와 같은 재료를 사용하여 빛을 쬐면서 한 층씩 만듭니다. 빛을 정밀하게 쪼임으로써 복잡한 형상으로 굳힐 수 있지만, 지나치게 단단해져 깨지기 쉽다는 단점이 있습니다.

# 47 IC 카드나 비접촉 충전의 구조는?

'삐' 하고 갖다대는 것만으로 눈 깜짝할 사이에 개찰구를 통과할 수 있는 IC 카드는 매우 편리한 수단입니다. 한순간에 정보를 판독해 내고 갱신할 수 있는 이 카드의 구조는 어떻게 이루어져 있을까요?

### 전자기 유도로 메모리를 다시 쓸 수 있다

도넛 모양으로 되어 있는 도선(금속) 주변에서 자기장(자기계)이 변화하면 금속 안에 전류가 흐릅니다. 이것은 '전자기 유도'라고 하는 현상입니다.

IC 카드 내부에는 코일이 들어가 있습니다. 카드를 판독해 내는 곳에는 자기장이 발생하여 카드가 자기장을 통과할 때 코일에 전류가 발생해서 카드 안의 메모리 기록을 다시 씁니다. 이렇게 보면 많은 사람들이 매일 개찰구에서 '전자기 유도 · 에너지 운송 실험'을 하고 있는 셈입니다.

IC 카드의 구조

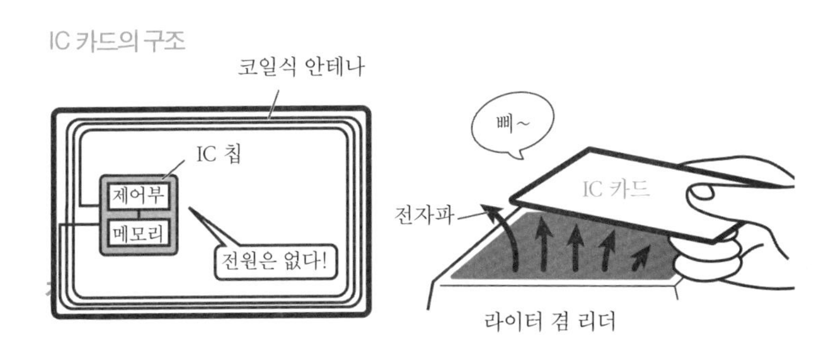

실제로는 카드가 다가오면 개찰구의 장치도 반작용으로 카드칩이 전송하는 송신 정보를 받아 회로의 전류를 바꿉니다. 이를 신속하게 판독해 내어 개찰구의 개폐장치를 조작하고 나아가 접속된 컴퓨터에도 정보를 보냅니다. 다시 말해서 개찰구의 장치는 카드의 메모리를 다시 씀과 동시에 카드에서 보낸 정보를 수신하는 일도 하는 '라이터(writer) 겸 리더(reader)'인 것입니다.

이 과정이 0.3초 정도의 시간 동안에 처리되기 때문에 카드를 대는 각도 등에 미묘한 문제가 발생하기도 해서 당황하는 사람도 많습니다.

### IC 태그에서 전용된 기술

이 기술은 개찰구에 사용되기 전에 IC 태그로 상품에 부착되어 담당자가 가지고 있는 라이터 겸 리더기로 정보를 확인했습니다. 라디오 주파수의 전파를 이용해서 저장된 개체 정보(품목, 가격 등)를 판독하기 때문에 일반적으로는 이를 RFID(Radio Frequency IDentification)라고 합니다. RFID란, RFID 태그라고 하는 매체에 저장된 개별 정보를 무선통신으로 읽고 기록(데이터 불러오기, 등록, 삭제, 변경 등)하는 자동인식 시스템을 말합니다. 컴퓨터 등에서는 RFID를 이용해 고객이 직접 정산하는 시스템이 시도되고 있습니다.

### 비접촉 충전의 확산

이는 전력 수송이 기기의 접촉 없이도 가능하다는 점을 보여줍니다. 물론 정보의 전달과 에너지의 수송 사이에 명확한 구별은 없습니다. 또한 전자기 유도에 의한 전달 수송과 전파에 의한 전달 수송 사이에도 많은 단계가 있어서 용어조차 통일되어 있지 않습니다. 실제로 중간적 단계에 대해서 현재 연구개발이 활발하게 진행되고 있습니다.

실제로 이러한 구조로 휴대전화 등을 충전하는 장치도 있습니다. 다만 효율성 면에서 플러그를 사용한 장치에 비해 성능이 떨어지기 때문에 그리 보급되고 있지는 않은 듯합니다. 비접촉 충전은 전기 버스의 충전에도 사용된 예가 있습니다. 운전기사가 전기 플러그를 연결하지 않고 전지의 충전이 가능합니다.

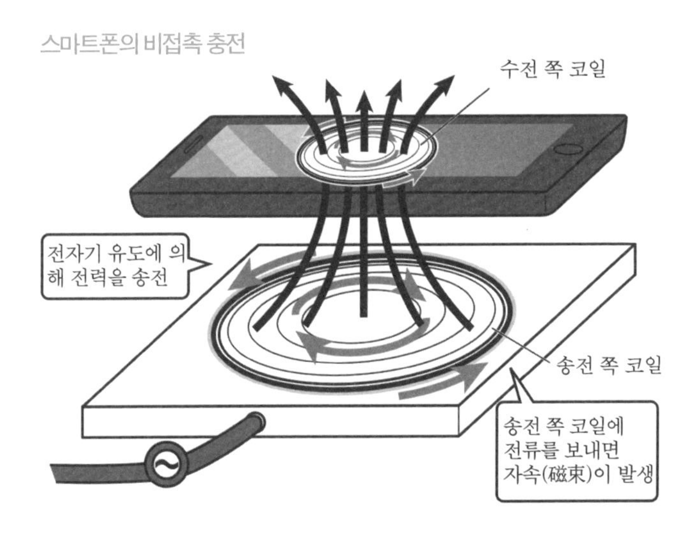

# 48 생체 인증은 정말 안전할까?

> 스마트폰이나 컴퓨터를 사용할 때 패스워드 입력이 아니라 생체 인증을 통해 잠금을 해제하는 경우가 증가하고 있습니다. 편리한 반면, 개인 정보 유출이나 부정 사용의 우려는 없는 것일까요?

### 다양한 생체 인증

액션 영화나 SF 영화에서는 첨단 시스템으로 눈의 홍채나 망막의 혈관 패턴으로 본인임을 확인하는 장면이 자주 등장합니다. 이와 같은 본인 인증 방법을 생체 인증(바이오매트릭스 인증)이라고 합니다.

이는 얼굴을 카메라로 찍거나 손가락을 지문 리더로 스캔하는 등 우리 몸 일부의 특징을 이용해 본인 확인을 하는 방식입니다. 눈코 등의 위치나 모양, 지문의 경우에는 소용돌이나 무늬가 있는 곳, 굽은 모양 등의 특징을 추출하여 사전에 저장해 놓은 특징과 카메라 영상을 컴퓨터가 비교해 판단합니다.

'Windows 10'의 생체 인증 기능 'Windows Hello'는 컴퓨터에 내장된 카메라로 이용자를 촬영하거나 지문 리더로 본인 확인을 하여 컴퓨터의 잠금을 해제할 수 있습니다. 또한 안드로이드를 채용한 스마트폰은 본인의 목소리로 음성 인증하여 잠금을 해제할 수 있기도 합니다.

가장 일반적인 인증 방법은 지문으로 확인하는 것인데, 최근에는 일부 스마트폰에서 홍채 인증을 도입하는 예도 나타나고 있습니다. 앞으로도 점점 더 생체 인증을 활용하는 일이 확산될 것으로 보입니다.

### 생체 인증의 장점

생체 인증은 본인이 가지고 있는 신체 특징을 이용하기 때문에 패스워드를 외우거나 일일이 입력할 필요가 없다는 장점이 있습니다. 현금 카드나 인감을 일일이 들고 다닐 필요도 없습니다. 또한 카드나 인감은 도둑맞을 우려가 있지만 본인의 얼굴이나 지문 그 자체는 도둑맞을 염려가 없습니다.

이러한 이점을 활용하여 일부 은행에서는 지문 인증만으로 ATM기를 이용할 수 있는 서비스 실증 실험을 2016년부터 시작하기도 했습니다.

### 생체 인증의 문제점

편리한 생체 인증이지만 단점도 있지 않을까요?

우리 얼굴 모양은 나이가 들어감에 따라서 변화하고 화장만으로도 외모가 크게 변합니다. 또한 지문은 손가락이 닳거나 손이 더러워져 있으면 조회 결과가 에러로 나타나는 경우도 있습니다.

신체적 특징이 변화해도 인증이 가능해질 경우, 이번에는 닮은 특징을 가진 타인을 본인으로 잘못 인식할 위험성이 드러나고 있습니다.

예를 들어 예전에 얼굴을 이용한 생체 인증에서는 일란성 쌍둥이를 구별하지 못한 경우가 있었습니다.

### 위조나 데이터 도용의 위험은?

얼굴 사진이나 촬영한 홍채의 영상, 채취한 지문 등에서 도용한 가짜가 인증을 통과해 버리면, 인감보다도 위조가 손쉬워질 가능성이 있습니다.

우리가 사용하는 스마트폰이나 디지털카메라의 해상도는 현재 매우 높아진 상태입니다. 그래서 일상적으로 가볍게 촬영하여 SNS 등에 사진을 올리지요. 전문가 중에는, 이런 사진들을 통해서도 얼굴이나 홍채, 지문처럼 생체 인증에 이용할 수 있는 정보가 도용되는 것은 아닐까 우려하는 목소리도 있습니다.

그래서 외부에서는 보이지 않는 망막의 혈관, 손이나 손가락의 정맥 패턴 등을 이용하는 시스템도 실용화되고 있습니다.

얼굴 인증에서는, 화장이나 나이듦에 따른 변화의 영향을 잘 받지 않는 부분의 특징을 추출하여 위조를 막는 방법이 있습니다.

앞에서 언급한 'Windows Hello'에서는 사진이나 동영상으로 인증을 할 수 없도록 하고 여러 번 데이터를 등록하여 인증 정밀도를 높이는 대책을 마련해 놓았습니다. 이러한 방법을 통해 사람이 쉽게 판단할 수 없는 세세한 특징을 추출하여 일란성 쌍둥이라도 구별할 수 있을 정도의 정밀도를 보유하고 있습니다. 또한 나이가 들어감에 따른 변화를 학습하는 시스템도 나와 있습니다.

한편 화상을 처리하는 시스템에 얼굴 사진이나 지문 패턴이 저장된 경우, 해킹으로 도용된다면 같은 방법으로 인증을 하는 시스템이 모두 피해를 입을 가능성이 있습니다.

그렇기 때문에 데이터를 직접 보존하는 것이 아니라 특징을 수치화하여 암호화한 것을 보존하는 등, 정보 유출에 대한 방어도 고도화되고 있습니다. 이 정도라면 데이터가 유출되더라도 간단하게 부정 사용되는 사태는 피할 수 있을 듯합니다.

새로운 기술은 편리하지만 100퍼센트 안전하다고는 할 수 없습니다. 과신하지 말고 잘 사용해야 합니다.

아이폰에서는 고양이의
눈동자로도 인증 등록을
할 수 있다고……

# 49 바코드나 QR코드의 구조는?

바코드를 통해서는 상품의 가격을, QR코드를 통해서는 주소나 캠페인 정보를 한순간에 판독해 낼 수 있습니다. 어떠한 방식으로 정보를 입력해 놓은 것일까요?

## 바코드의 구조

모든 가게에서 생활용품 전반에 사용되고 있는 익숙한 바코드. 바코드의 줄무늬를 확대해 보면 하나의 숫자를 표시하기 위해서 흰색과 검은색의 선(모듈)을 7개 조합해 놓은 것을 알 수 있습니다.

일반적인 JAN코드(Japan Article Number)는 13자리입니다. 먼저 가장 왼쪽의 두 자리 숫자는 '국가 코드'입니다. 이 숫자는 세계적으로 EAN 협회가 관리하고 있고 일본은 49와 45 두 가지 국가 코드를 부여받아 사용하고 있습니다. 국가 코드에서 일곱 자리의 숫자가 '기업 메이커 코드'입니다. 사업자의 신청을 받아 유통 시스템 개발 센터가 설정합니다. 이어서 '상품 아이템 코드'는 001~999 범위에서 사업자가 임의로 설정하는 세 자리의 숫자입니다.

일반적으로 같은 규격의 상품에는 같은 바코드를 붙인 다음 가격 설정을 각 판매점에서 합니다. 바코드를 스캔했을 때에 그 판매점의 데이터베이스에 조회하기 때문에 판매점에 따라 가격을 변경할 수 있고 그날그날 가격을 변경할 수 있습니다.

마지막 자리의 '체크 디지트(CD)'는 판독 에러를 방지하기 위한 것입니다. 다른 코드와 달리 몇 가지 계산 방법을 복합적으로 사용해 산출합니다(한국의 KAN코드 구성을 보면, 국가 코드는 880이며, 다음 4~6자리는 제조업체명, 그 다음 5~3자리는 상품명, 마지막 한 자리는 코드의 에러를 체크하기 위한 숫자 기호입니다 - 옮긴이).

체크 디지트에 대해 알아보면, 예를 들어 CD 이외의 12자리를 오른쪽에서부터 시작해 홀수 자리의 합을 3배로 하여 짝수 자리의 합과 더하는 방법으로 계산합니다.

바코드의 구조

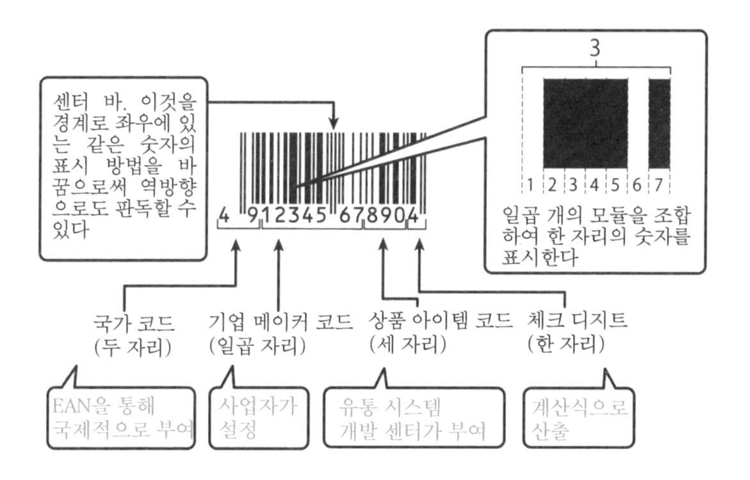


체크 디지트의 계산 방법

① 마지막 자리의 숫자를 빼고 '오른쪽에서부터 홀수 자리의 수의 합'을 3배한다.
② ① 과 '짝수 자리 수의 합'을 더한다.
③ 나온 답의 1의 자리를 10에서 뺀 숫자가 체크 디지트이다.

※ '4903333106004'의 경우
① 홀수 자리 수의 합은 0+6+1+3+3+9=22 이를 3배하면 22×3=66
② 짝수 자리 수의 합은 0+0+3+3+0+4=10 ①과 더하면 66+10=76
③ 1의 자리 수 6을 10에서 빼면 10-6=4
이 '4'가 마지막 자리에 들어가는 체크 디지트이다.

이와 같은 바코드를 제조원이나 발매원이 포장 단계에서 인쇄하는 것을 '소스마킹'이라고 합니다.

한편 채소나 육류 등 신선 식료품과 같이 무게에 따라 가격이 다른 상품에는 그 판매점에서만 통용하는 '인스토어 마킹'이라는 바코드가 사용됩니다. 이 경우 국가 코드에 대응하는 처음 두 자리는 혼동을 피하기 위해 20~29 숫자를 사용하고 있습니다.

서적의 바코드는 2단으로 구성되어 있습니다. 1단은 '978'로 시작되며 ISBN(서적을 분류하는 번호)이 이어지고 마지막에는 체크 디지트로 끝납니다.

바코드는 빛으로 정보를 판독합니다. 기본적으로는 적색 LED 등의 빛을 쐬어 검은 선(모듈)과 흰색 선을 판독하여 0과 1의 디지털 신호로 변환합니다.

이 구조 덕분에 역방향의 바코드라도 별 문제없이 판독할 수 있습니다. 중앙의 센터 바를 경계로 오른쪽과 왼쪽으로 분할하여 좌우에서 같은 숫자의 표시 방법(검은 모듈과 흰 모듈의 일곱 가지 조합 방법)을 변환하기 때문입니다.

예를 들어 같은 '9'라도 왼쪽에 있으면 '0001011', 오른쪽에 있으면 '0010111'처럼 다른 전기 신호로 변환되기 때문에 구별을 할 수 있는 것입니다.

### QR코드의 구조

QR코드(Quick Response 코드)는 1994년에 덴소 웨이브(DENSO WAVE)라고 하는 일본 회사가 개발한 코드로, 고속 판독을 중시한 '바코드의 진화형'입니다. 특히 휴대전화의 카메라로 판독이 가능해짐으로써 한순간에 보급되었습니다. 덴소 웨이브 사는 QR코드의 특허를 보유하고 있지만 권리는 행사하지 않고 누구나 사용할 수 있도록 코드 사양을 오픈했습니다. 그래서 비용을 들이지 않고도 안심하고 사용할 수 있는 코드로 전세계에서 이용할 수 있게 되었습니다.

'진화형'이라고 말할 수 있는 이유는 바코드에 비해 정보량이 압도적으로 증가한 점, 30% 정도가 오염되거나 훼손되더라도 데이터를 복구할 수 있다는 점, 바코드의 10분의 1 정도 면적으로 표시할 수 있다는 점 등을 그 특징으로 들 수 있습니다.

기존의 바코드로 담을 수 있는 정보량은 20자리 정도였습니다. 그에 비해 QR코드는 하나의 코드에서 최대 7,089자(숫자만으로 되어 있을 경우)의 대용량을 장착할 수 있습니다. 데이터 복구는 '오류 정정 기능'이라고 하여 코드 스스로 데이터를 복원하는 기능을 탑재할 수 있습니다. 데이터를 작성하는 사람이 복구 가능 정도를 선택하는 것도 가능합니다.

QR코드는 다양한 곳에서 사용되고 있습니다. 홈페이지의 사이트 주소나 캠페인 정보를 간단하게 접할 수 있는 프로모션 용도 외에 전자 티켓이나 공항의 발권 시스템에도 활용되고 있습니다. SNS에서는 팔로워나 친구와 QR코드로 정보를 공유하는 서비스도 있습니다.

최근에는 일러스트나 사진을 조합한 수준 높은 디자인을 보여주는 것도 발견할 수 있습니다. QR코드는 누구나 만들 수 있습니다. 여러분도 도전해 보시면 어떨까요?

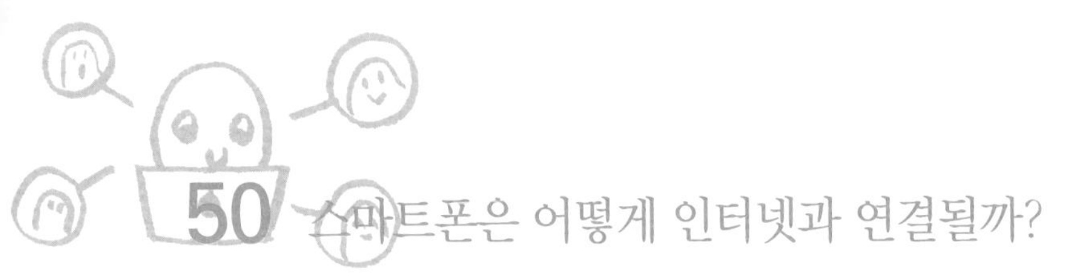

# 50 스마트폰은 어떻게 인터넷과 연결될까?

스마트폰으로 전화뿐 아니라 간단하게 인터넷에 연결하거나 메일을 송수신할 수 있습니다. 어떠한 구조로 인터넷과 연결되는 것일까요?

### 인터넷이란?

일상 속에서 자연스럽게 사용하고 있는 인터넷이지만 새삼 "인터넷이 뭐야?"라는 질문을 받는다면 술술 대답할 수 있는 사람이 얼마나 될까요?

인터넷이란 기업이나 학교, 가정 등 다양한 정보기기를 접속한 네트워크(LAN = Local Area Network)를 전세계적으로 연결한 것이라고 할 수 있습니다.

정보를 주고받기 위한 통신 프로토콜(공통적으로 정한 약속)로 TCP/IP가 사용되고 있습니다. 일반적으로 IP를 그냥 '아이피'라고 읽습니다만 생략하지 않고 읽으면 '인터넷 프로토콜'입니다.

인터넷 상에서는 데이터를 디지털 방식으로 주고받고 있어서 데이터를 작은 패킷(packet, 데이터의 전송 단위)으로 분할하여 송신합니다.

패킷 하나하나에는 '주고받는 데이터'에다가 데이터의 수신처, 송신원의 데이터까지 담겨 있습니다.

그래서 제각각 보내진 패킷의 일부가 도중에 통신 에러로 인해 수신되지 못한 경우에도 에러가 난 패킷만 다시 송신할 수 있습니다.

인터넷에서 데이터를 전달하는 구조

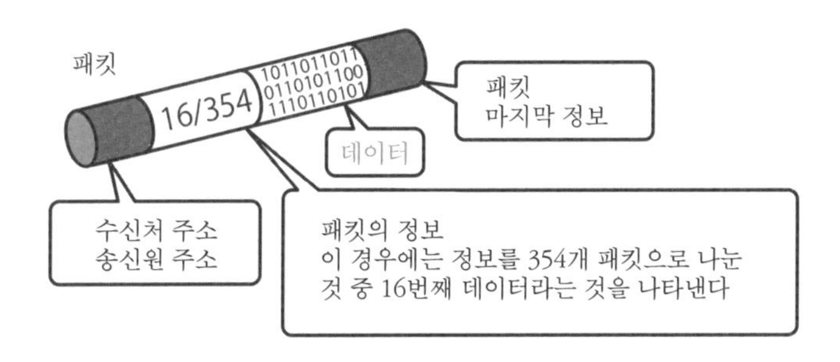


패킷이 제각각 보내진다

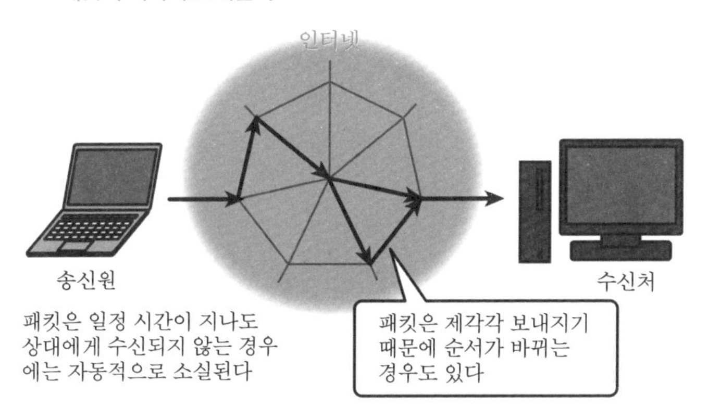


## 가정용 컴퓨터의 인터넷 접속

가정용 컴퓨터나 태블릿 등의 정보기기로 인터넷에 접속하려면 일반적으로 인터넷 서비스 제공업체의 서비스를 이용해 접속합니다.

그때에 데이터는 전화 회선(ADSL 등도 포함)이나 광케이블을 통해 주고받을 수 있습니다. 다만 전화 회선으로는 아날로그 신호, 광케이블로는 광신호를 사용해 데이터를 송신하기 때문에 컴퓨터에서 보내는 디지털 신호를 변환해야 합니다.

그래서 전화 회선을 사용하는 경우에는 '디지털 신호와 아날로그 신호를 변환하는 장치(모뎀)', 광케이블을 사용하는 경우에는 '디지털 신호와 광신호를 변환하는 장치(ONU)'가 필요합니다.

또한 최근에는 가정에서도 태블릿이나 컴퓨터 등 여러 정보기기로 인터넷에 접속하는 경우가 많아졌습니다.

여러 대의 정보기기를 동시에 인터넷에 접속하기 위해서는 각각의 기기에 데이터를 나누어 주고받는 라우터(router)라고 하는 장치가 필요합니다. 최근에는 케이블을 연결하지 않고 무선으로 컴퓨터나 태블릿 등의 정보기기를 여러 대 연결하는 무선 LAN 라우터가 증가하고 있습니다.

최근의 무선 LAN 라우터는 와이파이(Wi-Fi) 규격을 충족하는 것이 대부분이어서 무선 LAN을 와이파이라고 부르고 있습니다(Wi-Fi는 무선 LAN 규격 중 하나로 미국의 'Wi-Fi Alliance'라는 무선 LAN 제품의 보급 촉진을 도모하는 단체로부터 인증받은 것을 말합니다. Wi-Fi는 'Wireless Fidelity'의 약자입니다). 거리에서 만나는 '프리 와이파이 존'은 무료로 와이파이의 무선 LAN을 사용할 수 있는 장소입니다.

### 스마트폰의 인터넷 접속

스마트폰을 인터넷에 연결하는 방법은 두 가지 있습니다.

하나는 휴대전화 회사의 무선기지국에 접속해서 인터넷에 연결하는 방법입니다. 이 방법으로 스마트폰을 인터넷에 연결하면 화면 상단에 '3G', '4G', 'LTE' 등의 표시가 뜹니다. 3G나 LTE 등의 표시는 모바일 통신의 규격을 말합니다. 4G나 LTE 규격으로 연결하면 3G 규격의 5배에서 10배의 속도로 통신할 수 있습니다.

또 하나의 방법은 앞서 소개한 무선 LAN을 경유해 인터넷 서비스 공급업체에 연결하는 방법입니다. 무선 LAN을 사용하면 휴대전화 회사의 통신 회로를 사용하지 않아서 패킷 통신 비용이 들지 않습니다. 또한 4G나 LTE 규격의 4배 이상(무선 LAN과 연결된 회선이 충분히 빠를 경우)의 통신 속도로 정보를 주고받을 수 있습니다.

인터넷 이용 방법

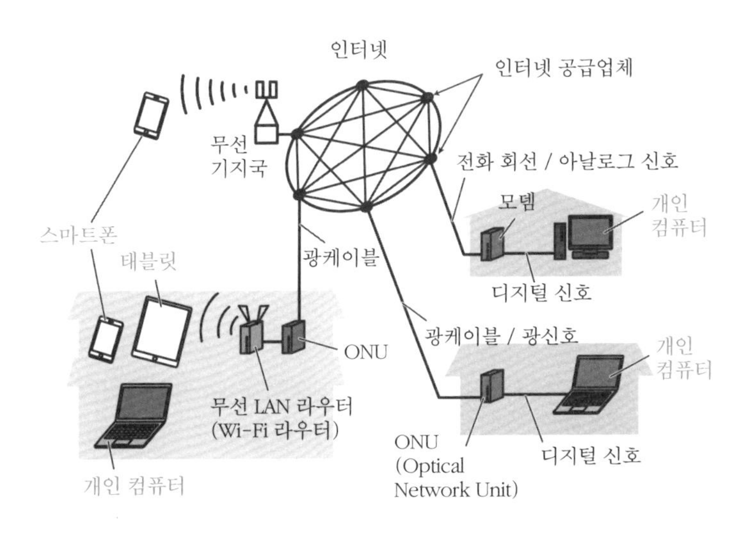

# 51 터치 패널은 어떻게 손가락의 움직임을 감지하는 걸까?

스마트폰이나 태블릿 PC는 화면을 만져서 조작을 합니다. 여기에 사용되는 것이 터치 패널입니다. 어떠한 구조로 손가락의 움직임을 감지하는 것일까요?

**터치 패널은 '투명 금속'**

액정 디스플레이 위에는 투명한 패널이 있어서 손가락의 위치를 감지하고 그 움직임으로 컴퓨터를 직접 조작할 수 있습니다. 이 투명한 패널이 '터치 패널'입니다.

터치 패널에는 투명한 여러 개의 전극이 사용됩니다. 전극이므로 당연히 전기가 통합니다. 그런데 전기가 통하는 금속은 통상적으로 '빛'이 통과하지 못합니다. 금이나 알루미늄 등을 수십 나노미터까지 얇게 만들면 눈으로 볼 수 있는 빛이 어느 정도 통과하게 됩니다. 그러나 금속의 얇은 막에 의한 전극은 빛의 투과율이 그리 좋지 않습니다. 빛을 통과시키지 못하면 디스플레이의 역할을 다 할 수 없습니다.

그래서 생각해 낸 것이 '투명 금속'입니다. 금속이라고 해도 홑원소 물질의 금속이 아니라 산화물을 사용한 산화화합물입니다.

가장 많이 사용되는 것이 산화 인듐과 소량의 주석을 혼합한 ITO(산화 인듐 주석)라고 하는 투명 금속입니다. ITO는 덩어리는 백색이지만 얇게 펴서 굳히면 무색투명하게 됩니다. 이것을 전극으로 사용함으로써 터치 패널이 만들어지는 것입니다. ITO 가시광의 투과율이 약 90% 정도이기 때문에 액정 패널이나 유기발광 다이오드(OLED) 등의 플랫 패널 디스플레이용의 전극으로 많이 이용되고 있습니다.

또한 인듐은 희소 금속으로 고가이기 때문에 최근에는 산화아연을 사용하거나 도전성(導電性) 플라스틱을 사용하기도 하는 경우를 발견할 수 있습니다.

### 터치 패널의 구조

그러면 터치 패널의 구조를 살펴보겠습니다.

초기 무렵부터 자주 사용된 것이 저항막 방식입니다. 플라스틱 막에 투명 금속을 붙여서 두 장을 만들고 그 사이에 닷 스페이서(dot spacer)라고 하는 플라스틱 구슬을 직사각형 모양으로 나열해 끼우는 구조로 되어 있습니다. 윗면의 막을 손가락이나 플라스틱 펜 등으로 덧그리면 막이 옴폭 패여 아래의 전극에 접촉해 전기가 흐릅니다. 그러면 그곳에 손가락이 있다는 것을 감지할 수 있습니다.

저항막 방식

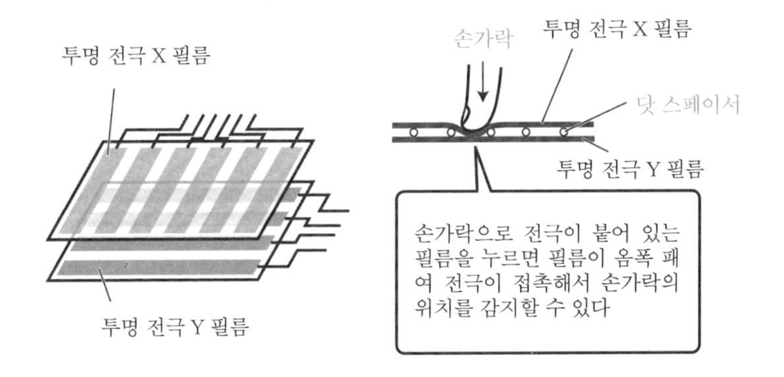

저항막 방식은 구조가 단순해서 저렴하게 제조할 수 있습니다. 또한 물리적으로 막을 변형시켜 접촉하는 구조이기 때문에 손가락 이외의 것으로 조작할 수 있고 장갑을 끼고도 조작이 가능합니다.

반면 내구성이 떨어지기 때문에 화면의 크기가 커지면 검출 정밀도가 떨어지는 단점이 있습니다. 또한 화면의 투과율이 약간 나빠집니다.

한편 최근 스마트폰이나 태블릿 PC 등에 많이 이용되는 것이 정전용량(靜電容量)이라는 방식입니다.

정전용량 방식

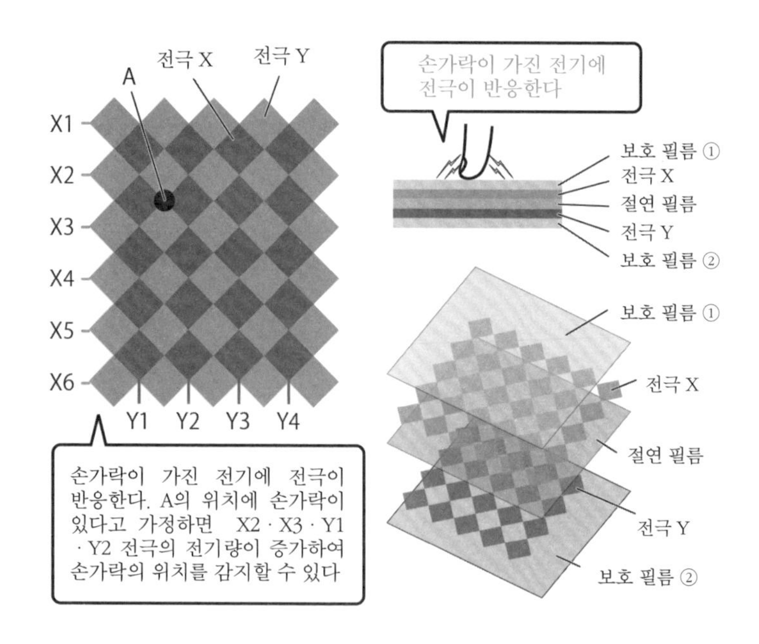

이 방법은 화면에 나열한 전극에 손가락이 다가가면 전극에서 전기양(정전용량)이 변화해서 손가락의 위치를 계산해 냅니다. 이 방법이라면 화면의 투과율이 좋아서 멋진 터치 디스플레이를 실현할 수 있습니다.

또한 패널이 변형되지 않기 때문에 내구성과 내마찰성이 좋다는 특징도 있습니다.

여러 개의 손가락 위치를 감지하는 '멀티터치'도 가능합니다. 스와이프(화면의 좌우 이동), 스크롤 등 손가락 두세 개로 조작할 수 있는 것은 멀티터치를 실현한 덕분입니다.

# 52 달리는 전철 안에서 점프를 하면 어떻게 될까?

달리는 전철 안에서 점프를 해본 경험이 있나요? 공중에 머물러 있는 동안에도 전철은 달리고 있는데 점프를 해도 역시 제자리에 착지할 수 있습니다. 왜 그럴까요?

### 물체가 갖는 관성

달리는 전철 안에서 점프를 하면 점프를 한 사람은 뒤로 처지고 전철만 앞으로 나아가버릴 것 같은 생각이 듭니다. 그런데 실제로는 점프를 했던 그 장소에 착지할 수 있습니다.

이것은 물체가 가진 관성이라는 성질과 크게 관련이 있습니다. 관성이란, 움직이는 물체는 계속 움직이려 하고, 멈춰 있는 물체는 그대로 멈춰 있으려고 하는 성질을 말합니다. 물체는 이러한 관성을 가지고 있어서 외부로부터 어떤 힘이 가해지든, 힘이 가해지더라도 덧셈을 해서 0으로 만들어 정지상태를 유지해 일정한 속도로 운동을 계속합니다. 이것을 관성의 법칙이라고 합니다.

그런데 전철 안에서 점프를 한 사람은 바로 위로 점프한 것일까요? 오른쪽 그림은 전철 밖에서 보았을 때의 전철 안 사람의 움직임입니다.

바로 위로 점프했다고 생각하지만 실제로는 관성의 작용에 의해 그 순간에 전철과 같은 속도로 진행 방향을 향해 계속 움직이고 있습니다. 공중에 머무는 동안에도 점프를 한 순간에도 속도는 유지되고 있습니다. 다시 말해서 점프를 한 순간에도 공중에 떠 있는 동안에도 전철이 달리는 것과 같은 속도로 같은 방향으로 움직이고 있는 것입니다. 그렇기 때문에 점프를 한 사람은 결국 같은 곳에 착지해 내려오는 것입니다.

### 50미터나 앞으로 날다!

예를 들어 초고속열차에서 당신이 50센티미터 높이까지 점프를 했다고 가정해 봅시다. 점프를 하고 나서 다시 바닥에 착지하기까지의 시간은 대략 0.6초입니다.

가령 초고속열차의 속도가 시속 300킬로미터라고 하면, 1초 동안에 약 83미터를 나아갑니다. 따라서 점프를 한 0.6초 동안에 약 50미터 진행 방향으로 이동한 셈이 됩니다. 바로 위로 점프했다고 생각할지라도 약 50미터나 앞으로 이동한 것입니다.

그러나 실제로는 그 사이에 초고속열차도 같은 거리만큼 앞으로 진행했으므로 점프한 당신은 초고속열차 안의 같은 곳으로 착지하는 것입니다.

### 점프를 하고 있을 때 급브레이크를 밟으면?

그러면 만약 점프를 하고 있는 동안에 초고속열차가 급브레이크를 밟으면 어떻게 될까요? 점프한 사람만이 브레이크의 영향을 받지 않으므로 시속 300킬로미터인 채로 앞으로 진행하게 됩니다.

초고속열차가 브레이크를 밟아 감속을 합니다. 이 때문에 점프한 사람과 초고속열차의 속도에 차이가 발생합니다. 그 차이만큼 앞으로 진행한 방향으로 착지하게 됩니다. 다시 말해 점프를 한 당신은 진행 방향으로 던져지는 상태가 되는 것입니다.

우리도 전철 안에서 브레이크가 걸렸을 때에 앞으로 고꾸라지는 경우를 종종 볼 수 있습니다. 반대로 멈춰 있던 전철이 갑자기 움직이기 시작하면 우리는 뒤로 밀리는 듯한 느낌을 받습니다. 원리는 이와 같은 것입니다.

### 시속 1,400킬로미터로 움직이고 있다?!

지구는 자전을 합니다. 도쿄를 포함한 같은 위도의 지구 원주는 약 3만 3,000킬로미터입니다. 이것은 지구의 자전으로 도쿄가 하루 동쪽으로 돌아 본래 장소로 돌아오는 동안에 움직인 거리이기도 합니다. 이것을 24시간으로 나누면 시속을 알 수 있습니다. 도쿄는 동쪽으로 시속 1,400킬로미터의 속도로 움직이고 있는 것입니다.

도쿄에서 바로 위로 점프한다면 점프해서 날아오른 사람도 시속 1,400킬로미터로 움직이고 있는 셈입니다. 물론 관성의 법칙에 따라 착지하는 곳은 같은 곳입니다. 그렇더라도 시속 1,400킬로미터로 움직이고 있다고 생각하면 놀랍지 않습니까!

# 53 초고속열차는 왜 앞머리가 오리 주둥이처럼 삐죽 나와 있을까?

일본 초고속열차 신칸센의 얼굴이라고 할 수 있는 열차 앞머리의 형태는 매우 독특합니다. 그 중에서도 700계 전동차의 오리 얼굴을 닮은 모양에는 신칸센의 새로운 시대를 연 놀라운 발상과 기술이 담겨 있습니다.

### 열차 형태의 변화

1964년에 도카이도(東海道) 신칸센의 창업에서부터 최근의 호쿠리쿠(北陸) 신칸센에 이르기까지 다양한 차량이 등장했습니다. 그런 과정에서 신칸센의 앞머리 형태도 크게 변화해 왔습니다.

예를 들어 주먹코를 닮은 초대 0계 전동차, 샤프한 이미지의 100계 전동차, 철가면이라고 불리는 300계 전동차, 물총새의 부리와 같은 500계 전동차, 그리고 오리의 주둥이와 닮은 700계 전동차가 있습니다.

도쿄-오사카 간이 현재 2시간 반이면 닿을 수 있는 것처럼, 신칸센은 초고속화의 길을 걸어왔습니다.

이러한 초고속화에 대응하기 위해서 앞머리의 형태는 초대 0계의 주먹코 모양에서 점차 유선형으로 바뀌었습니다. 그러나 터널을 빠져나올 때의 소음 문제나 차량 공간의 문제 등으로 유선형의 형태는 한계를 드러냈습니다.

역대 신칸센 앞머리의 형태

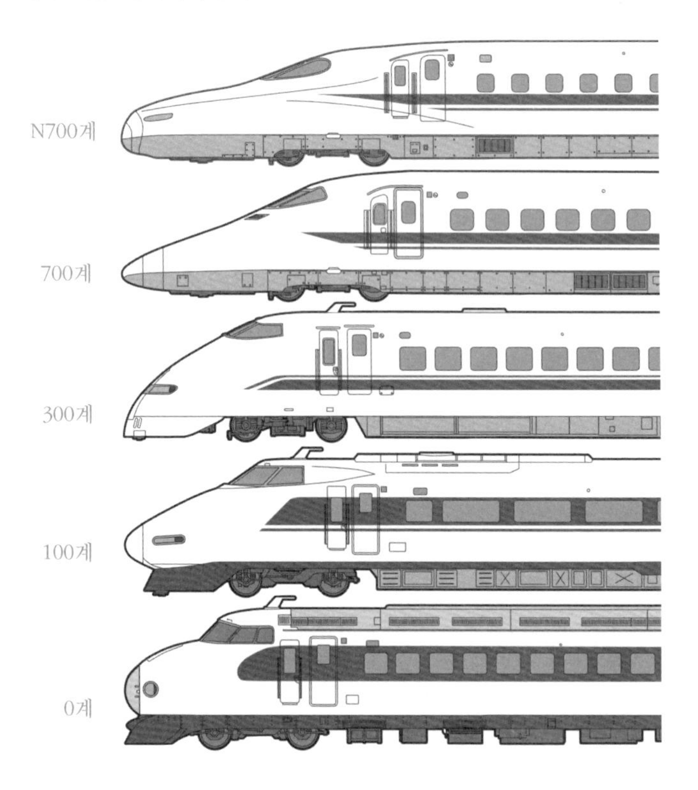


**신칸센이 안고 있는 문제**

일본은 국토의 약 70%가 산악지대로 터널이 매우 많다는 특징이 있습니다.

시속 300킬로미터로 달리는 신칸센이 터널로 돌입하면 터널 안의 공기를 압축해 출구에서 '꽝' 하는 커다란 소리와 충격파를 발생시킵니다. 이것이 '터널 미기압파'라고 하는 소음 문제입니다.

이를 해결한 것이 물총새의 부리를 닮은 500계 전동차였습니다. 유선형의 끝이라고 할 수 있는 긴 형상은 물총새가 포식을 위해 수면으로 다이빙하는 모습에서 힌트를 얻었다고 합니다.

그러나 한편으로 객실의 천정고가 낮아져 압박감이 있고 승강을 할 수 없는 차량이 있다는 등의 문제도 있었습니다.

게다가 터널 안에서 기류의 흔들림으로 인해 차체 후방이 흔들리는 문제도 300계 때부터 과제로 남아 여전히 미해결 상태였습니다.

### 오리 얼굴을 닮은 에어로 스트림

미기압파에 의한 '터널 미기압파' 문제, 객석의 공간 확보, 기류로 인해 차량 후방이 흔들리는 점 등 신칸센이 안고 있던 일련의 문제를 해결한 것이 700계의 앞머리 형태였습니다. 그 모양은 왠지 귀여워서 부리를 내민 오리 얼굴처럼 보입니다.

정식 명칭은 '에어로 스트림'이라고 합니다. 에어로 스트림은 500계보다 짧은 모양이지만 500계와 같은 설상(楔狀) 구조(앞머리부터 후방에 걸쳐서 단면적이 일정한 비율로 증가합니다)를 채용하고 있습니다.

공기의 흐름을 상 · 좌 · 우 세 방향으로 빠지게 하여 미기압파로 인한 '터널 미기압파'나 차량 후방이 흔들리는 문제를 해결했습니다. 나아가 극단적인 유선형이 아니어서 객석의 공간을 충분히 확보할 수 있었습니다.

에어로 스트림은 최고 속도를 시속 285킬로미터로 제한하는 것을 전제로 앞머리 부분을 짧게 했습니다.

그래서 속도를 더 높이고자 등장한 것이 N700계 전동차입니다. N700계는 앞머리 부분이 700계보다 1.5미터 길어서 새가 날개를 펼친 듯이 보여 '에어로 더블 윙'이라고 부릅니다. 성능 면에서 향상된 점은 앞머리 쪽 단면적의 증가 비율을 올리고 그만큼 후방의 증가 비율을 낮춤으로써 미기압파가 더욱 경감되었다는 점입니다. 게다가 차량에 화물을 적재할 수 있는 공간이 늘었고 운전석에서 앞머리까지의 거리가 축소되어 시야가 좋아졌습니다.

700계 전동차에 채용된 에어로 스트림

오리의 얼굴을 닮은 앞머리의 형태는 공기의 흐름을 세 방향으로 빠져나가게 해 초고속을 유지하면서 터널 미기압파를 해결했고 객석 공간도 충분히 확보했다.

이 밖에도 하이브리드카의 '회생 브레이크' 구조를 응용하여 브레이크를 밟을 때마다 전기를 만들어내는 에너지 절약 기술이나 공기 스프링으로 커브에서 차체를 1도 정도 기울이면서 최고 속도로 주행할 수 있는 '차체 경사 시스템'이 채용되는 등, 기술혁신에 여념이 없습니다.

신칸센은 소음 문제를 항상 최우선시하면서도 쾌적한 차내 공간을 만들어내고 시속 270킬로미터까지 불과 180초 만에 도달하는 새로운 시대에 돌입했습니다.

놀라운 신기술을 채용한 열차가 등장하는 한편으로, 시대를 반영하던 열차가 지지자들의 아쉬움을 뒤로 한 채 은퇴하거나 좁은 국토이지만 여전히 새로운 노선이 개설되는 등 철도나 신칸센의 발전은 빠르게 변화하고 있습니다.

## 54 비행기는 어떻게 하늘을 날 수 있을까?

"저렇게 무거운 물체는 절대 뜰 리가 없다"고 말한 사람이 있었다고 합니다. 그러나 지금은 무게가 100톤이 넘는 여객기가 날고 있는데요, 그 구조와 원리는 무엇일까요?

### 비행기에 작용하는 힘

수평으로 일정한 속도로 직선 비행을 계속하는 비행기를 상정해 봅시다.

수직 방향에서 이 비행기에 작용하는 지구의 중력과 날개 등 기체에 작용하는 양력(揚力, 뜨는 힘)은 균형을 이루고 있습니다. 지구가 지구의 중심 방향, 즉 아래로 끄는 중력뿐이라면 비행기는 낙하해 버립니다. 중력과 균형을 이루는 상향 양력이 있기 때문에 떠오를 수 있는 것입니다.

또한 수평 방향에서 비행기의 엔진으로 앞으로 나아가는 힘(추진력)과 기체가 공기로부터 받는 저항력은 균형을 이루고 있습니다.

수평 방향에서 앞으로 나아가는 추진력과 뒤로 향하는 공기의 저항력이 균형을 이루고 이 두 가지를 더한 합력은 0이 됩니다. 이로 인해 일정한 속도로 일직선으로 진행(등속직선 운동이라고 합니다)하는 것입니다.

사실 여객기 엔진의 최대 추진력은 기체 중량의 4분의 1 정도로, 로켓과 같이 바로 위를 향해 떠오를 수 없습니다. 비행기에 상향으로 작용하는 양력은 어디에서 얻을 수 있을까요?

등속으로 날고 있는 비행기에 작용하는 힘

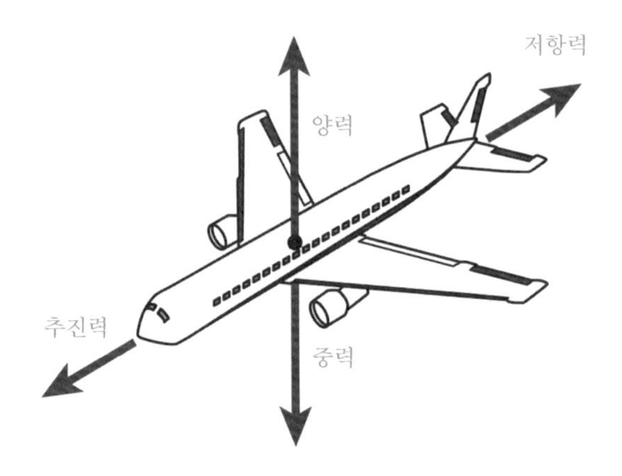


### 비행기가 뜨는 힘은 공기에서

비행기는 '뜨는 힘(양력)'을 공기로부터 얻습니다.

이해하기 쉬운 예로, 우리가 헤엄을 칠 때를 생각해 봅시다. 헤엄을 치면서 앞으로 나아갈 때 우리는 손으로 물을 헤치며 물을 뒤로 밀어냅니다. 뒤로 밀어낸 물의 양이 많을수록 빨리 나아갈 수 있습니다.

이와 마찬가지 일이 비행기의 주 날개에서 발생합니다. 날개를 스쳐가는 공기는 흐름의 방향을 아래 방향으로 바꿉니다. 공기가 날개에 의해 아래 방향으로 밀리고 반대로 날개는 위 방향으로 밀립니다. 이 위

비행기는 공기를 아래로 밀어서 떠오른다

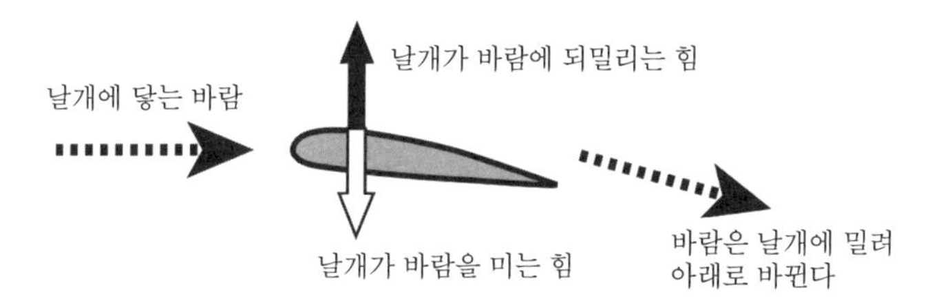


로 향하는 힘이 날개에 작용하는 양력입니다.

'공기는 가벼운데 무거운 비행기를 지탱할 수 있을 정도의 큰 힘이 될까?' 이런 의문을 가질 수 있습니다.

비행기는 속도가 빠르기 때문에 스쳐지나가는 공기의 양이 매우 많아 100톤이 넘는 비행기를 띄우는 양력이 발생하는 것입니다.

그런데 똑바로 나는 것만으로는 비행기가 목적지에 도달할 수 없습니다. 비행기는 어떻게 방향을 바꾸는 것일까요?

### 라이트 형제의 선회 비행

라이트 형제는 세계에서 최초로 사람이 타는 비행기를 날리는 데 성공했습니다. 1903년 12월 17일의 일입니다(이를 기념해 12월 17일이 '비행기의 날'로 지정되었습니다). 최초의 비행은 12초 동안 36미터의 직선 비행이었습니다.

비행기를 선회시켜서 이륙 지점으로 돌아오는 주회 비행이 가능해지면 실용적인 비행기가 완성된 것으로 볼 수 있습니다.

라이트 형제는 비행기가 선회를 하기 위해서는 날개를 기울여야 한다는 점을 깨달았습니다. 날개를 틀어서 선회하는 방법을 발명하여 그 특허를 냈습니다.

라이트 형제는 1905년 10월 5일에 그 누구도 하지 못했던 39분 동안의 주회 비행을 실현했습니다. 같은 장소를 30회 주회하고 총 비행 거리 39킬로미터를 기록했습니다.

이 주회 비행이 성공한 다음에 개발 경쟁이 더욱 뜨거워졌습니다. 그런 가운데 라이트 형제의 특허를 피할 목적으로 현재의 모양인 비행기의 보조 날개가 개발되었습니다. 특허 소송은 라이트 형제의 승리로 끝났지만 보조 날개가 개발되면서 라이트 형제의 날개를 트는 비행 방식을 대체했습니다.

라이트 형제는 비행기를 조종하기 위해서 세 개의 방향키를 사용했습니다. 방향키의 형식이 다르기는 하지만 이 세 키와 그 기능은 오늘날의 여객기에도 그대로 적용되고 있습니다(아래 그림 참조).

현재의 비행기도 라이트 형제의 비행기와 마찬가지로 날개를 기울게 하는 보조 날개, 기체의 방향을 좌우로 움직이게 하는 방향타, 기수를 위아래로 움직이게 하는 승강타를 사용하고 있습니다.

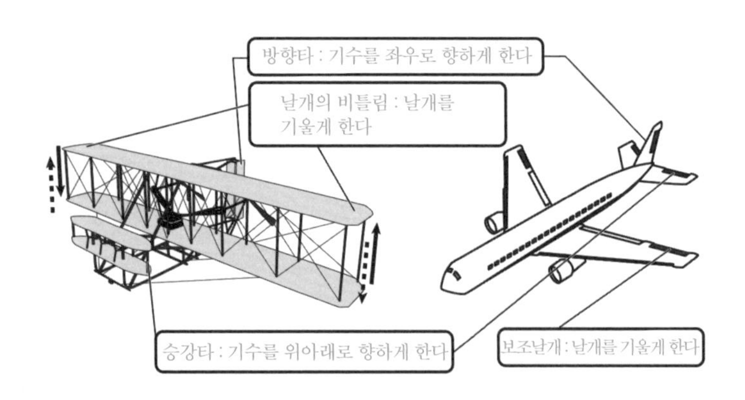

# 55 친환경 자동차의 종류와 그 한계는?

> 친환경적이고 연비가 좋은 에코 자동차가 판매되고 있습니다. 하이브리드카, 플러그인 하이브리드카, 전기자동차, 연료전지차 등 종류도 다양한데, 어떠한 차이가 있는 것일까요?

### 회생 브레이크의 유효성

'하이브리드'란 '조합하다'라는 의미입니다. 하이브리드카는 엔진과 모터를 주행 상황에 따라 구분해 사용하거나 동시에 사용해 연비를 향상시킵니다.

모터는 전기의 작용으로 움직이기 때문에 가속을 할 때의 휘발유 소비를 줄일 수 있습니다. 한편으로 고속도로 등 일정 속도로 달릴 수 있는 도로에서는 커다란 배터리와 모터의 중량이 부담으로 작용해 연비가 나빠지는 경향이 있습니다.

그렇지만 전기를 사용하는 것이 장점인 것은 신호를 기다릴 때 정지와 발진을 반복할 때마다 발전하는 회생 브레이크라는 기술이 채용되었기 때문입니다.

회생 브레이크는 운전자가 액셀을 뗀 직후에 타이어가 회전하는 동력을 이용해 모터가 발전하는 구조입니다. 이는 자전거의 앞바퀴에 붙어 있는 라이트와 같은 원리입니다(전지식이 아니라 타이어의 회전으로 라이트가 빛을 내는 타입입니다).

'회생'의 의미는 '되살아난다'인데 모터를 움직이기 위해 사용한 전력을 정지와 발진의 반복으로 되살려낸 것입니다. 일본은 구미 지역에 비해 신호등이 많아서 아무래도 정지와 발진이 많아지므로 회생 브레이크의 개발이 중요했습니다. 참고로 하이브리드카는 회생 브레이크를 적극적으로 사용하기 때문에 브레이크 패드의 소모가 극단적으로 더디다는 특징이 있습니다.

구미 여러 나라에서도 회생 브레이크의 유효성을 인지하고 하이브리드카의 개발 경쟁이 더욱 뜨거워져 다양한 하이브리드카가 개발되고 있습니다. 예를 들어 포르쉐나 페라리 등의 고급 스포츠카 업계에서 하이브리드 모델을 개발하면서 르망(프랑스 르망 지역에서 매년 개최되는 24시간 자동차 경기대회 - 옮긴이)과 같은 내구 레이스에서 하이브리드카도 우승을 할 수 있는 시대를 열었습니다.

### 플러그인 하이브리드카

플러그인 하이브리드카(PHEV)는 가정용 콘센트에서 직접 충전할 수 있어 전기는 물론, 휘발유로 주행하는 것도 가능합니다.

플러그인 하이브리드카의 최대 특징은 집 밖에서도 가정에서처럼 전기를 사용할 수 있다는 점입니다. 예를 들어 미츠비시 '아웃랜더 PHEV'는 풀충전하면 일반적인 가전제품을 최대 하루 동안 사용할 수 있는 전기를 공급할 수 있습니다. 전기 잔량이 0이 되면 엔진을 걸어 충전할 수 있어서 휘발유를 가득 채우면 대략 10일 정도 비상용 전원으로 활용할 수 있습니다. 집 밖에서의 레저 활동은 물론, 라이프라인이 단절된 재해 때에도 활약이 기대됩니다.

### 전기자동차

전기자동차(EV)는 휘발유를 전혀 사용하지 않고 전기의 힘만으로 주행할 수 있습니다. 그러나 현재 고가인 니켈이나 리튬으로 만든 배

터리를 탑재하고 있어서 차체 가격이 아무래도 높게 책정됩니다. 한 번 풀충전으로 주행할 수 있는 거리는 약 200킬로미터로 짧다는 것도 주의가 필요합니다.

고속도로의 주유소 등에 설치되기 시작한 EV 전용 충전기가 있는 곳을 확인한 다음에 출발하도록 해야 합니다.

### 연료전지차

연료전지차(FCV)는 수소와 산소의 화학반응으로 전기를 만드는 연료 전지를 탑재한 자동차입니다. 연료 전지는 전지라기보다 오히려 발전장치라고 할 수 있습니다.

필요한 연료는 수소뿐으로, 산소는 공기 중에 있는 것을 사용하면 됩니다. 수소는 수소 스테이션에서 공급합니다. 수소와 산소로 발전해 주행 때에 배출하는 것은 물뿐이기 때문에 환경에 아주 좋은 자동차입니다.

다만 연료가 되는 수소의 안전한 제조나 운반 기술, 시중의 수소 스테이션을 정비하는 인프라 문제 등을 해결해야 할 필요가 있습니다. 수소는 소량이라도 정전기 정도의 에너지만 있으면 발화합니다. 다만 공기보다 가벼워 빠르게 확산되기 때문에 공기 중으로 날려버리면 폭발을 일으킬 위험성은 낮아집니다. 또한 수소 자체는 인체에 해가 없습니다.

# 옮긴이의 말

과학이라는 말을 들으면 한없이 어렵게 느껴지는 것은 저만의 느낌일까요?

그런데 우리 일상 속에서 과학이 얼마나 우리 가까이에 있고 우리와 얼마나 밀착되어 활약 중인가를 이 책을 번역하면서 새삼 깨닫게 되었습니다.

우리 주변에서 흔하게 만나는 TV, 냉장고, 전자레인지, 조명기구, 에어컨, 로봇 청소기, 세탁기와 세제, 발열 내의, 영양 드링크, 체온계, 체지방계, GPS, IC 카드, 바코드, QR 코드, 스마트폰, 인터넷 등등 오늘을 사는 우리와 지나치다 싶을 정도로 밀착되어 존재하는 현대 과학의 산물들에 대한 이야기입니다.

어쩌면 우리는 그냥 습관적으로 익숙하게 사용하고 있는 제품들 또는 과학기술들이어서 그러려니 하며 생활하고 있는 것인지도 모릅니다.

저자가 서두에서 말했듯이 과학을 어렵게 느끼지만 관심이 있고, 제품들의 구조를 알고 싶은 사람, 사용하면서 조심해야 할 것을 알고 싶은 사람을 위해 가능한 한 이해하기 쉽게 기술한 책입니다. 이 책을 통해 습관적으로 사용하고 있는 것들이지만 이왕이면 제대로 그리고 효과적으로 사용할 수 있는 방법, 새로 등장하는 첨단기술이 어떻게 실용화되고 있는지, 나아가 안전사고를 예방할 수 있는 유용한 정보까지도 모두 얻을 수 있을 것입니다.

우리의 좀 더 쾌적하고 안전한 생활을 위해서 이 책에서 소개하는 첨단기술과 그 제품들의 이야기를 한번 들어보시는 것은 어떨까요?

2020년 5월

이언숙